青少年
网络人格研究

QINGSHAONIAN WANGLUO RENGE YANJIU

◎王凡 著

九州出版社
JIUZHOUPRESS

目　录

第1章 绪 论

马克思、恩格斯在《共产党宣言》中指出："每个人的自由发展是一切人的自由发展的条件。"[①] 在这里，"每个人的自由发展"必然也包括每个人的人格完善，特别是以"一切人的自由发展为条件"，更表明了个人的发展只有在正确处理好与他人、与社会关系的前提下，才能体现出一种完善、健康的人格。毛泽东在《纪念白求恩》中也强调："一个人能力有大小，但只要有这点精神，就是一个高尚的人，一个纯粹的人，一个有道德的人，一个脱离了低级趣味的人，一个有益于人民的人。"[②] 可见，重视现实社会中每一个人的全面发展，注重无产阶级人格品质的塑造，是马克

① 马克思恩格斯选集（第一卷）[M]. 北京：人民出版社，1995：294.

② 毛泽东选集（第二卷）[M]. 北京：人民出版社，1991：660.

思主义的基本立场和根本出发点。但是，随着现代思想政治教育环境的变化，特别是当代互联网技术的发展，现代思想政治教育理论与实践面临着越来越多的复杂情况。因此，我们必须高度关注网络环境下的青少年思想政治教育，高度重视青少年互联网虚拟生活中网络人格问题的研究。

1.1　问题背景

《中共中央关于深化文化体制改革推动社会主义文化大发展大繁荣若干重大问题的决定》(以下简称《决定》)中指出：加强网上思想文化阵地建设，是社会主义文化建设的迫切任务。强调要发展健康向上的网络文化，要着眼党和国家工作大局的新要求，着眼互联网快速发展带来的新课题，着眼人民群众对网络文化的新期待，在网上"进一步唱响主旋律，广泛传播社会主义核心价值体系"。①《决定》体现了党对网络文化建设的高度重视，体现了对思想政治教育工作者，特别是对青少年网络思想政治研究者更高的期待。

2012年1月，《CNNIC：第29次中国互联网络发展状况统计报告》中指出：截至2011年年底，在我国5亿网民中，10~29岁的

----

① 人民日报，2011-10-19：1.

网民比例达到了 56.5%。[①] 可见,青少年已成为中国使用互联网的主要人群。2012 年 2 月 7 日,《人民日报》发表于洋的文章《探寻青年眼中的互联网世界,发展健康向上的网络文化》。文章中指出:"互联网文化很大程度上是一种青年文化。互联网塑造了青年,青少年一些性格也反映在互联网中。"[②] 青少年思想活跃,精力充沛,易于接受新生事物,渴求知识,渴望成长,冀求理解,因此,敢于冒险、勇于拼搏亦是当代青少年的共同特征;同时,互联网技术的开放性、平等性和知识内容的丰富多样,毫无疑义地契合了青少年的思想和性格特征,当然也会为青少年所喜爱。但是网络世界中虚拟身份的隐蔽性、不确定性,以及虚拟社区活动中的道德、行为不受拘束性,也容易使青少年的人格认知产生强烈落差,进而对他们的健康成长产生极为不利的影响。

互联网对青少年人格发展的影响,更集中的表现是在对青少年网络虚拟人格的塑造上。美国著名作家瓦格纳·詹姆斯·奥在《第二人生——来自网络世界的笔记》中也曾这样写道:"居民就是虚拟化身,但是并不是他们在现实中的原形出现,他们是有差

---

① CNNIC:第 29 次中国互联网络发展状况统计报告 [EB/OL]. 中国互联网络信息中心,2012:13~14.

② 于洋. 探寻青年眼中的互联网世界,发展健康向上的网络文化 [N]. 人民日报 2012-2-7.

异的化身……点击右键，你的虚拟化身向前倾，再点击一次，虚拟化身就开始飞翔，就像被来自天堂里的木偶线牵着一样。"[①] 的确，网络世界的虚拟生活是无比神奇的。在这里，你可以改变或选择你的职业、性别、地位、语言、婚姻、情感，甚至生死。在这里，你可以实现许多在现实中想做做不了、想干干不成的事情，不管是对父母、长辈，还是获取荣誉、奖励，你都可以随心所欲；在这里，你可以有柴米油盐酱醋的琐碎，你也可以有七情六欲的是非恩怨纠葛。这些虚拟的化身，会在虚拟的名利场上你争我夺、尔虞我诈……实际上，虚拟世界给人们带来的并不全是美好愉悦的体验。中国心理学会徐亚灵的《家有小网迷，父母怎么办？》中收录了这样一个"网络少年"的自白：

> 虚拟世界的胜利使自己获得了尊严和荣誉。它让我得到尊重、理解和包容，它很好地满足了我这颗孤独又不甘寂寞的心。但是，虚拟世界的快乐未必就能够使人感到充实。我被虚无的快乐深深地麻醉着，每天都以不真实的快乐去填充着不如意的生活。……迷恋游戏使我的性格发生了一种扭曲，我整个人都变得空虚，我已没有在现实生活中争强好胜的愿望了，一心只想把游戏打好。我开始得过且过，混一天是一

① 瓦格纳·詹姆斯·奥.第二人生——来自网络世界的笔记 [M].李东贤，李子南，译.北京：清华大学出版社，2009：5.

天。①

互联网时代到来后，青少年网络人格的出现及其对青少年成长的影响，已经成为一个无须多加辩驳的事实。在我们电脑的背后、在我们鼠标键的指尖上，一个"独立"于现实之外却又深深嵌入我们现实生活中的"第二人生"已经日益浮现。不管我们是欣喜还是焦虑，是欢迎还是拒绝，都不能回避了。在这里，我们的成功与失败，我们的光荣与梦想，我们的痛苦与愉悦，总是在现实与虚拟之间交错转换，影响着我们的生活、学习和事业，有时甚至改变或至少部分地改变着我们的性格、命运。在青少年网络人格中，理想缺失、道德失范、行为越轨、情感冷漠、意志薄弱等现象已日益成为一个比较突出的社会问题。青少年网络人格与现实人格的冲突、矛盾更加凸显，人格发展缺乏动力。对此，我国网络思想政治教育研究者吴满意在其著作《高校网络思想政治教育学研究》中曾率先发出了这样的倡议：要在青少年网络思想政治教育研究中纳入人格研究，要把"人格工程"作为青少年网络思想政治教育研究的重要基础性研究工程②。

① 徐亚灵.家有小网迷，父母怎么办？[M].北京：经济管理出版社，2011：231~232.

② 吴满意.高校网络思想政治教育学研究[M].成都：电子科技大学出版社，2006：306.

但是，人格研究毕竟属于心理学的传统研究领域，在思想政治教育研究中人格研究虽然达成了一定的共识，但对于什么是青少年网络人格；青少年网络人格形成和发展的动力结构是什么；在青少年网络思想政治教育中如何去研究青少年的网络人格动力结构；我们应该如何看待青少年的网络人格与现实人格的共存与互动等这些问题，当前理论界尚缺乏一些明确而又系统的回答。因此，无论是从理论上还是从实践上，对于上述问题的研究，既十分必要，也十分紧迫。为此，本书试图依据现代人格心理学中人格动力理论的某些学术观点，结合思想政治教育学的基本理论与方法，以及现代网络技术、网络文化、青少年网络活动的具体情况和特征等，提出青少年网络人格动力结构的概念，并借鉴现代系统理论，对青少年网络人格动力结构加以系统分析，以达到理论研究服务于实践的目的，培养青少年文明健康的网络生活方式，培育健康的青少年网络人格，促进青少年健康成长。

本书还受2013年度国家社会科学基金项目"基于网络社会管理的高校校园网络舆论环境研究"的直接影响，本书已被纳入该国家社会科学基金项目中的一个子课题。

1.2 文献综述

人格研究长期以来一直属于心理学的研究范畴，如西方学者卡特尔、荣格、华生提出了各自不同的人格理论。近年来，郑永廷、张耀灿、徐建军、胡凯等又开始从思想政治教育、网络思想政治教育的视角对大学生人格等给予了重要的关注，产生了一批相应的理论成果。这些研究成果也为本书的写作提供了重要的学术支持和理论支撑。

1.2.1 思想政治教育研究领域中的人格研究

在我国，思想政治教育学科是一门比人格理论研究更为年轻的学科。张耀灿在《现代思想政治教育学》中提出，我国思想政治教育学科建立于20世纪80年代[①]。但是在它创立伊始，许多学者就将健全人格塑造纳入思想政治教育研究的范围。张耀灿在讨论思想政治教育目的论问题时曾指出"促进人的自由全面发展"的思想政治教育目标，并强调"要克服'道德人'、'经济人'、'工具人'的局限，按照人的全面发展，真正成为完整的人"。[②] 在这里，张耀灿虽然没有直接使用"人格"或"健全人格"这一概念，但是其

----

① 张耀灿. 现代思想政治教育学 [M]. 北京：人民出版社，2006：1.

② 张耀灿. 现代思想政治教育学 [M]. 北京：人民出版社，2006：142.

核心思想就是强调要以马克思主义关于人的全面发展的理论为依据，克服"道德人""经济人""工具人"的片面的人格局限，要把培养和塑造健全的人格作为思想政治教育研究的重要目的。

如果说张耀灿的上述研究还只是对思想政治教育领域中的人格培养问题的倡导性建议，那么胡凯、荣复康的《思想政治教育心理学》则是完整、明确地提出了思想政治教育中的人格培养问题。在著作中，作者用专门一章的篇幅讨论了"思想政治教育中的人格心理"，认为"人的思想道德在素质中具有'主导'、'决定'作用，所以说人格道德教育也即是思想政治教育的核心。贯穿和渗透于人格教育中，思想政治教育是塑造人格的主导力量"。作者还从提高人格的自我教育能力、发挥人文素质教育的人格陶冶功能、以人格塑造人格、营造人格教育环境、发挥心理咨询等五个方面论述了思想政治教育对完善与发展人格的作用。① 总之，胡凯、荣复康认为西方人格理论家对个体人格的形成与发展作出的一些假说，对思想政治教育工作具有一定的启发与借鉴作用。

曹衍清在论文《新时期人格教育模式建构与实施》中，还从心理学与德育实践的角度提出了通过"五教育"手段，以培养青少年"三心""三感""三力"为目标的健全人格教育模式。"五教育"即

---

① 胡凯，荣复康.思想政治教育心理学 [M].长沙：湖南科学技术出版社，2005：137~138.

智慧保健教育、情感管理教育、意志品质教育、文明礼仪教育、爱的教育;"三心"即仁爱心、进取心、自信心;"三感"即幸福感、价值感、责任感;"三力"即自制力、耐受力、创造力①,强调了思想政治教育中人格教育的主要内容等问题。李振芳也在《思想政治教育学》中指出,心理问题与思想问题具有同构性和融合性的特点,无论人的思想还是心理都离不开世界观、人生观、价值观的指导。世界观、人生观、价值观既是思想问题产生的根源,也是人格心理中心理负疚、行为偏激、情感排斥等产生的根源性问题。同样,解决这些心理问题需要思想政治教育中正确世界观、人生观、价值观的宣导,加强思想政治教育功能的有效性也离不开人格心理中情感、意志、兴趣、性格等因素协同发挥作用。所谓榜样的作用是无穷的,其实质就是思想政治教育与人格心理教育作用的协同发挥。所以李振芳主张:在教育内容上要实现思想政治教育与人格心理教育的融会贯通,在教育方式和手段上要实现思想政治教育与人格心理教育方法的互补,在队伍建设上要实现思想政治教育与人格心理教育的交叉②。

关于思想政治教育中人格教育的主要方法的讨论,陈义平在《思想政治教育学原理》中指出:"人格是思想政治教育学的重要

---

① 曹衍清.新时期人格教育模式建构与实施[J].中国教育学刊,2011(5).

② 李振芳.思想政治教育学[M].北京:社会科学文献出版社,2006:258~266.

概念"，"人格动力学是思想政治教育学的基本理论依据之一。"[1]
他强调，借鉴国外人格动力理论关于人格需要和行为动机关系的
观点，思想政治教育学手段只有做到以下几个方面，才能发挥思
想政治教育的有效性：第一，提高和诱导高层次的社会政治需
要，如培养崇高的理想、政治抱负、科学价值观和高尚情操等，
并使之成为"优势需要"，从而产生出良好的社会动机；第二，提
高社会政治判断力，促使个人能做出正确的动机选择；第三，健
全积极的社会政治防御机制，引导人们战胜挫折，保持良好的生
活心态；第四，针对人格动力不足问题，提高个人政治意识，确
立切实的个人目标，创设良好的目标实现条件，积极正面地肯定
与鼓励；第五，尊重个体人格需要，整合主体人格需要与社会需
要，不断引导人的社会政治人格走向完善。[2]

　　总之，通过对以上研究成果的分析发现，在现代思想政治
教育领域中，人们已经越来越重视人格教育在思想政治教育中的
重要作用和地位，而且不少思想政治教育研究者也在相关的论文
和著作中开始探讨思想政治教育与人格心理教育的关系问题。但
是，总的来说研究内容比较零散，不够全面，缺乏系统性。迄今
为止，尚未出现这两个研究领域融合研究的专门性论著。

....

[1]　陈义平．思想政治教育学原理 [M]．合肥：安徽大学出版社，2008：36.

[2]　陈义平．思想政治教育学原理 [M]．合肥：安徽大学出版社，2008：39.

1.2.2 心理学视阈下的人格研究

自现代人格理论诞生以来，人格问题的心理学分析就一直占据着学术研究的主流地位，尤其在西方学术领域中，迄今为止这种学术的垄断地位一直没有改变。下面就以当今西方人格理论的主要流派的基本情况作一概述。

在西方人格理论中最具影响力的当然首推人格特质理论。它的代表人物主要有现代人格理论的创始人阿尔波特（Allport），以及首倡现代人格测量理论的卡特尔（Cattell）、"大五"人格模型的创立者诺曼（Norman）和考斯塔（Costa）、麦克雷（McCrae）等。阿尔波特在《人格：心理学的解释》中指出，特质是人格的基础，是心理组织的基本建构单位，是每个人以其生理为基础而形成的一些稳定的性格特征；并主张将人格特质区分为"共同特质""个人特质"；在个人特质中，又提出了"首要特质""中心特质""次要特质"的层次划分。① 卡特尔的代表作是《心理测验和测量》。在该著作中，卡特尔强调要将人格研究"达到自然科学那样明确与精密"②，并编制了由"乐群性""聪慧性""稳定性""独立性""自律性"等16大类主题词汇构成的"卡特尔16种人格因素问卷"，有些学者也称其为"卡

---

① 全国十二所重点师范大学联合编写 . 心理学基础 [M]. 北京：教育科学出版社，2002：169.

② 张述主，等 . 西方心理学家文选 [M]. 北京：人民教育出版社，1983：71.

特尔人格量表"。它至今仍在人格研究领域中发挥着十分重要的参考作用。诺曼、考斯塔、麦克雷是"大五"人格因素模型的创立者，他们认为"神经质""外向性""开放性""随和性""尽责性"构成了人格模型的五个维度。由于这五个词对应的英文的首个字母可以组成 OCEAN（海洋），因此又称之为"人格的海洋"理论。[①]

以荣格（Jung）和阿德勒（Adller）为代表人物的现代人格动力理论又称新精神分析理论，它渊源于弗洛伊德（Freud）的古典精神分析理论。弗洛伊德在他的代表著作《潜意识》《自我与本我》《梦的解析》中提出了"本我""自我""超我"的三种人格结构，以及从"口唇期"到"潜伏期"和"生殖期"的五阶段人格发展阶段[②]，为现代人格动力理论奠定了重要的学理基础。荣格是现代人格动力理论的杰出代表，是新精神分析理论的标志性人物。他在弗洛伊德思想的基础上，在《分析心理学的理论与实践》《记忆、梦、反思》《人及其象征》等著作中，系统地阐述了"力比多""无意识""原型"等概念，以及由"意识""个体潜意识"到"集体潜意识"三层构成的完整的人格动力理论体系。在这个系统中，他特别强调了理想力、道德力、行为力等因素在人格形成中的地位和作用[③]。新精神分析

① 王伟 . 人格心理学 [M]. 北京：人民卫生出版社，2011：111.

② 孟昭兰 . 普通心理学 [M]. 北京：北京大学出版社，1994：499~503.

③ 郑雪 . 人格心理学 [M]. 广州：暨南大学出版社，2001：111~125.

理论的另一代表人物阿德勒则在《自卑与超越》等著作中，通过深入分析"自卑""焦虑"等问题，提出了"统治—支配型""索取—依赖型""回避型"和"社会利益型"等四种人格模型①，强调了个体与社会的关系，克服了古典精神分析理论的局限。

西方现代人格理论的第三个重要派别是华生（Watson）和斯金纳（Skinner）的现代行为主义人格理论。现代行为主义人格理论起源于巴甫洛夫的条件反射理论。华生在他的《行为主义心理学》《行为主义的方法》《行为主义的幼稚教育》等著作中，指出行为是一种可以观察并且与先行和后续因素之间建立联系的反应。行为主义的目标就是通过建立理论，来解释先行条件(刺激)、行为(反应)以及随后条件(奖赏、惩罚或中立事件)之间存在的关系，从而获得对人类行为的科学解释。在此基础上华生论述了环境学习、情绪学习、经验学习等因素对人的行为和人格形成的重要影响。斯金纳的主要代表著作有《科学与人类行为》《强化的相倚关系：一种理论分析》《超越自由与尊严》等。在这些著作中，斯金纳构建了一个由应答性行为到操作性行为、强化学习的行为主义理论体系，特别是他发明的"斯金纳箱"和创立的强化学习理论使他获得了"彻底的行为主义者"称号。他

---

① 郑雪.人格心理学 [M].广州：暨南大学出版社，2001：132~133.

的思想在心理学研究、教育和心理治疗中仍然被广为应用。①

20世纪50年代以来，在现代西方人格理论研究中，人本主义人格理论异军突起，并在20世纪80至90年代达到高潮。其主要代表人物有马斯洛（Maslow）、罗杰斯（Rogers）等。人本主义人格理论认为行为主义和精神分析理论抹杀了人的主观性和人类积极向上的品质，因此必须把研究重点放在健康的人身上，着重研究人的主观世界，突出人所特有的选择性、创造性，恢复人的价值与尊严，发掘人的潜力，追求人类幸福。马斯洛在他的代表著作《动机与人格》《存在心理学探索》《人性达到的境界》等中，系统地论述了人的需要的五个层次，即生理需要、安全需要、归宿与爱需要、自尊需要、自我实现需要，并强调这五种需要是按照从低级到高级的金字塔方式排列；由于每个人的个人经验、文化背景等方面的不同，每个人满足这些需要的方式和手段也不同，这也会体现出不同个体的人格特征；只有注重自我修养、关注个人潜能的发挥、培养健全的人格，才能最终达到自我实现的人性最高境界。② 罗杰斯的主要代表作有《患者中心治疗》《在患者中心框架中发展出来的治疗、人格和人际关系》《论人的形成》等。

① 王伟.人格心理学 [M].北京：人民卫生出版社，2011：122~134.

② 彭晓琳，等.人格与幸福：文化视角下的青年人格塑造 [M].北京：中国民主法制出版社，2011：55~59.

在这些著作中，罗杰斯从"自我"概念出发，通过对"理想自我""积极自我""自我一致""孤独与焦虑""焦虑整合"等概念的深入分析，提出了一个"经验开放""协调自我""独立价值""积极肯定""和睦相处"的机能完善者的健全人格模型。[①]

从国内来看，我国自20世纪80年代以来，出版了大量的人格心理学研究教材、著作、译著等，比较有影响的有陈仲庚、张雨新编著的《人格心理学》（辽宁人民出版社，1986年）、曹日昌主编的《普通心理学》（人民教育出版社，1987年）、郑雪主编的《人格心理学》（暨南大学出版社，2001年）、郑希付主编的《现代西方人格心理学史》（广东教育出版社，2007年）、郑金声著《走向人格新大陆：健康人格的新探索》（工人出版社，2008年）等。由于受西方现代人格理论的影响，我国的人格理论研究也主要集中在人格心理学研究领域，而且大体框架基本上是套用西方人格心理学的基本框架。上述著作和教材基本上仍停留在对西方人格理论的介绍和评析的学术层面，因此研究并不深入。

近年来，我国人格研究方面出现了一些人格理论研究走本土化道路的发展趋势，如王登峰将西方"大五"人格与中国人格的特殊性相结合，提出中国人的"大七"人格结构（2003）；张建新依据西方人格特质理论提出了自己的"六因素假说"人格模型（2006）等。

[①] 郑雪.人格心理学 [M].广州：暨南大学出版社，2001：90.

目前中国人人格量表（QZPS）和中国人人格形容词量表（QZPAS）等研究项目正在实施中，并已取得了初步的研究成果。[①]年轻学者刘同辉更是在论文《中国传统的五类型人格理论与超稳定心理结构》中，对中国传统人性与人格思想进行了一个清晰的梳理，提出了"圣人、君子、士者、庶人、小人"五类型人格论与"金、木、水、火、土"五要素人格论，共同构成了中国人格理论的双核心。[②]强调"以人为本"，突出人在社会生活中的核心地位，重视"人文关怀"是中国传统文化与西方文明相区别的根本特征。把西方的人格学引入中国人格心理学研究，就应该符合中国人自身的特点，遵循中国传统文化。上述研究表明，我们在这个方面还做得很不够。因此，中国人格心理学研究的本土化研究还有很长的路要走。

此外，据目前查到的国内最新出版的人格理论研究类教材和著作介绍，如王伟主编的《人格心理学》（人民卫生出版社，2011年1月）、彭晓琳和彭强著《人格与幸福：文化视角下的青年人格塑造》（中国民主法制出版社，2011年10月）等，学者们一致认为文化与跨文化人格心理学研究是当今人格心理学研究的新热门，

① 王伟. 人格心理学 [M]. 北京：人民卫生出版社，2011：112.

② 刘同辉. 中国传统的五类型人格理论与超稳定心理结构 [J]. 上海师范大学学报（哲学社会科学版），2009，5（38）.

这也要求我们需要予以更多的关注。

1.2.3　网络人格与青少年网络人格研究

随着互联网技术的发展，网络对人们社会生活的各个领域都产生了重要的影响。越来越多的学者特别是社会科学研究者开始把他们的关注点聚焦在互联网技术条件下的政治、经济、文化等。近年来，随着各种形式的网络应用平台和网络交流社区的出现，有关网络伦理、网络教育、网络安全等问题的讨论也越来越多。其中，网络与思想政治教育、网络与青少年人格成长也成为相关研究者的一个重要话题。

尼葛洛庞帝的《数字化生存》是当今对网络技术与现代人的现实生活关系等问题展开广泛讨论而影响巨大的一部重要著作。在该书的第三部分《数字化生活》中，尼葛洛庞帝明确地讨论了网络虚拟人格问题。如"电脑逐渐有了自己的人格"[①]，人们可以通过网络生活中的"虚拟人物的行为和生活方式"来表现出自己特定的"人格模型组件"[②]。显然，在这里虚拟人格的概念已经提出，而且还初步地思考了"虚拟人物的行为和生活方式"同现实生活中人们自身的"人格模型组件"的关系。但是，他也担忧在互联网上冲浪

----

① 尼葛洛庞帝. 数字化生存 [M]. 海口：海南出版社，1997：246.

② 尼葛洛庞帝. 数字化生存 [M]. 海口：海南出版社，1997：247.

的孩子可能会成为'街头游荡的疯孩子'"①。当然，尼葛洛庞帝的《数字化生存》总体上是一部对互联网发展持乐观态度的学术著作，他在该书的结尾曾这样写道："这种控制数字化未来的比特，比以往任何时候都更多地掌握在年轻一代的手中。而这比其他任何的一切，都更令我快乐。"②

从当前所掌握的材料看，英国牛津大学信息政策研究专家卢西亚诺·弗洛里迪在其主编的《计算与信息哲学导论》中，较早地从本体论的角度提出了"虚拟实在"的概念③。他在该书第七章"互联网文化"中用大量的篇幅讨论了虚拟条件下的"个人身份认同"问题，认为'虚拟实在显然是站在现实/虚拟统一体的'现实'一侧，现在他却部分地通过引用自己的维度(其存在归因于边界区域的活动)来构建身份认同"，并强调虚拟技术和现代生活压力可能会导致"多元人格的混乱"。④在这里，他虽然没有直接使用虚拟人格的概念，而是使用了"虚拟条件下的个人身份认同""构建身份

---

① 尼葛洛庞帝. 数字化生存 [M]. 海口：海南出版社，1997：255.

② 尼葛洛庞帝. 数字化生存 [M]. 海口：海南出版社，1997：261.

③ 卢西亚诺·弗洛里迪. 计算与信息哲学导论 [M]. 北京：商务出版社，2010：366.

④ 卢西亚诺·弗洛里迪. 计算与信息哲学导论 [M]. 北京：商务出版社，2010：231.

认同"等提法，但其实质就是对网络虚拟人格的哲学讨论。

将网络人格研究引入青少年网络思想政治教育研究是我国理论界新出现的一种学术现象。尽管该研究在目前尚处在初步的探索阶段，但是与国外相关研究相比，我国在研究机构和研究队伍的组建、政府的立项支持等许多方面有自己的独特优势。从目前所取得的研究成果来看，比较有代表性的学术成果主要有：

第一，檀传宝承担的教育部人文社会科学"十五规划"研究项目"网络环境与青少年德育研究"最终成果《网络环境与青少年德育》。该书从文化冲突的视角探讨了网络环境下的青少年人格特点，认为"互联网的飞速发展大大促进了我国社会的结构变迁和道德转型，更为青少年亚道德的生成和发展提供了丰厚的物质基础和社会基础"。[①] 他强调，正是互联网文化中的"文化反哺"和"世代超越"等改变着青少年人格中"边沿人""过渡人"的特点，使青少年人格向"独立人""自主人"转变，并参与网络规则和网络道德的探寻与构建。

第二，徐建军承担的教育部社会科学研究重大课题最终成果《大学生网络思想政治教育理论与方法》，不仅初步地把人格理论引入网络思想政治教育中，而且还从思想政治教育的目的、功能等角度讨论了思想教育中的人格问题，特别从方法论的角度探讨

---

① 檀传宝.网络环境与青少年德育 [M].福州：福建教育出版社，2005：63.

了网络对大学生人格健康的影响，认为网络强化了"双性人格"的发展趋势，为人格中的"阴影"或"恶"提供了释放的空间；网络也为人格的发展带来严重的危害，如网络交际成瘾、网络游戏成瘾、网络恋情成瘾、双重人格障碍等。①

此外，我国其他网络研究者还有许多比较直接地讨论网络环境中的网络人格问题的研究论文。如李望舒在《网络人格变异的心理特征及其矫正方法》中就直接地对网络人格进行了如下的定义："网络人格是在网络构筑的虚拟'第二现实世界'中，按照网络亚文化圈的行为模式组织生活方式、规范行为而形成的人格。"② 天歌在《网络人格的异常心理》中，不仅探讨了网络人格的概念，而且还对网络人格变异的类型、成因等问题进行了比较全面的分析，提出了"网络人格变异"③ 这一概念。欧阳光耀也在《试析网络交往中的双重人格》中从认知、情感、思维和人际交往等角度讨论网络虚拟人格，并比较深入地分析了网络虚拟人格与现实人格的冲突及调和等问题。④

....

① 徐建军.大学生网络思想政治教育理论与方法 [M].北京：人民出版社，2010：315~319.

② 李望舒.网络人格变异的心理特征及其矫正方法 [J].陕西中医，2004，25（9）.

③ 天歌.网络人格的异常心理 [J].青年科学，2008（5）.

④ 欧阳光耀.试析网络交往中的双重人格 [J].当代教育论坛，2008（2）.

总之，随着网络对人们生活影响的日益深入，人们对网络人格和青少年网络人格的研究表现出越来越多的关注。但是，从目前的研究成果来看，尚存在如下几个方面的问题：第一，从消极方面研究青少年网络人格问题的较多，但是全面探讨青少年网络人格的形成、主要内容、青少年网络人格对青少年成长的意义等方面的学术成果相对较少，研究不够全面；第二，从心理学角度讨论青少年网络人格的相对较多，但是从青少年思想政治教育学角度研究的相对较少，研究方法缺少综合性；第三，一般性研究论文较多，但专门的研究课题和研究著作至今尚未出现，研究不够深入。在本书写作过程中，曾分别将"网络人格""青少年网络人格""网络人格动力结构"作为关键词和主题词在中国知网博士学位论文库中进行搜索，结果显示以上述词条作为关键词和主题词的博士论文篇数为零。同样，在我国电子书库容量最大的超星数字图书馆中进行书名搜索，结果显示含有上述主题词的学术专著数目仍然为零。

1.3 研究意义和方法

富有成效的思想政治教育不仅塑造美的心灵和美的行为，而且也塑造健全的人格。将青少年人格研究引入网络思想政治教育领域，不仅可以创新思想政治教育研究方法、完善学科体系，而且对提高青少年教育工作的实效、培养青少年的健全人格也有十分重要的意义。

1.3.1 研究意义

人格教育在青少年成长教育过程中是一项不可或缺的重要内容。有学者在讨论青少年思想政治教育的有关问题时曾说过这样的话："没有健全人格的支撑，人的素质结构就好比是没有根系的树木，树越高，树冠越大，越容易被风吹倒。……没有人格的不断提升，人的素质发展就会出现偏向，形成素质'木桶理论'中的'短板'效应，使人们的发展空间和才智发挥受到限制。"[①] 青少年教育不仅要以科学的方法提高青少年的文化知识水平，而且更重要的是要帮助青少年树立正确的世界观和价值观，培养青少年的良好行为习惯，塑造青少年的健康人格等。但是，在我国当前青少年教育实际工作中，普遍重视文化知识的传授，却忽视思想品德和价值观、人生观的教育，特别是青少年人格的塑造与培养。因此，将人格理论引入青少年思想政治教育研究领域，特别是引入青少年网络思想政治教育研究领域，重点去关注和研究青

---

① 吴满意.高校网络思想政治教育学研究 [M].成都：电子科技大学出版社，2006：305.

少年的网络人格问题，既有十分突出的现实针对性，也有重要的理论和实践意义。

首先，从青少年的成长和青少年健康人格的培养的现实针对性来看，由于青少年时期是一个人在成长过程中所经历的人生转折和过渡期中最为关键的重要时期，在这个阶段，他们思想活跃，兴趣广泛，精力充沛，渴望扩大交往，渴求人格独立等；但同时，青少年时期也是一个半幼稚半成熟的时期，其特殊的生理、心理特点和生活经历，决定了他们对自己、对他人、对事物的认识、评价和感悟不深刻、不全面、不透彻，容易造成我行我素、自我调控能力欠缺、情绪容易冲动等。这就表明，青少年的人格发展具有明显的可塑性。然而，随着网络时代的到来，特别是电脑、手机等互联网通信工具对青少年影响的日益深入，网络生活已成为青少年学习、娱乐和社会交往的一种重要方式，网络世界已成为青少年成长环境中的一个重要的活动空间。由于互联网具有活动空间的虚拟性、活动内容的开放性、活动形式的隐匿性等特征，它与青少年半幼稚半成熟的过渡性心理特征相联系，必定对青少年的人格发展产生十分复杂的影响。具体地看，我们可以发现其积极的方面能满足青少年渴求知识、追求平等独立、求异创新、培养广泛兴趣等健康人格成长的需要，促进青少年健康人格的培养和塑造；其消极方面却也容易滋生出青少年自我放纵、逃避现实、沉溺色情、崇尚暴力等诸多不健康的人格因素，甚至形成青少年的双重人格[①]、变异人格[②]等。因此，深入探讨和研究青少年网络人格，对于正确引导青少年健康的网上生活、培养青少年积极向上的健康人格、促进青少年健康成长有着十分重要的现实意义。

其次，从思想政治教育的理论与实践结合效果来看，由于受传统思想政治教育研究理论与方法的影响，在我国目前的思想政治理论与实际工作中普遍存在着重视抽象的理论宣教，重视理念的政治灌输，轻视对思想政治教育对象现实思想的沟通，轻视对他们进行心理学的分析辅导和心理疏导，尤其是缺少对他们健康人格的培养和关注，思想政治教育工作的实际成效不显著。事实上，最有成效的思想政治教育工作，最首要、最基本的就是要使受教育者具备健康的人格。所谓"一个高尚的人，一个纯粹的人，一个有道德的人，一个脱离了低级趣味的人，一个有益于人民的人"[③]，其实质就是一个具有完备健康人格的人。因此，将人格研究引入思想政治教育，研究青少年网络人格，不仅丰富了思想政治教育理论的基本内容，完善了思想政治教育理论体系，也为思

① 欧阳光耀.试析网络交往中的双重人格 [J].当代教育论坛，2008（2）.

② 天歌.网络人格的异常心理 [J].青年科学，2008（5）.

③ 毛泽东选集（第二卷）[M].北京：人民出版社，1991：660.

想政治教育实际工作提供了更多的方法和手段，促进了思想政治教育实际工作的实际成效。

最后，从思想政治教育、特别是网络思想政治教育的学科发展来看，随着对青少年网络人格问题的研究深入，不仅拓展了传统思想政治教育研究的一般领域，也促进了思想政治教育与心理学研究方法、思想政治教育与文化研究，特别是网络文化研究方法的结合，促进了思想政治教育研究方法的创新，推动了思想政治教育学科的发展。

1.3.2 研究思路与方法

本书主要采用马克思主义唯物辩证法和思想政治教育理论的研究方法、人格心理学研究方法以及系统论的方法探讨网络条件下的青少年网络人格。

首先，以马克思主义唯物辩证法为基本的立场与方法，客观全面地观察和分析网络环境下的青少年网络生活，探讨青少年网络人格存在的客观性以及与青少年现实人格的辩证关系。

其次，以人格心理学方法为基础，通过探讨人格的一般含义、人格的基本类型、人格的构成要素、人格形成与环境的关系等心理学问题，提出网络人格、青少年网络人格动力结构等概念的基本含义等。

再次，以系统论的研究方法为依据，构建一个包括青少年网络人格形成和发展中的理想力、道德力、行为力、智慧力、情感力、兴趣力、意志力等相结合的青少年网络人格动力结构，全面系统地探讨青少年网络人格培育中的网络人格动力结构的具体内容，以及青少年的网络人格与现实人格的互动关系。

最后，将人格心理学、系统论等研究方法与思想政治教育理论的研究方法相结合，围绕思想政治教育的主体论、目的论、环境论等问题，全面探讨青少年网络人格动力结构构成要素中的虚拟理想缺失、网络道德失范、网络行为越轨、网络意志薄弱等青少年网络人格中所存在的问题，分析了其产生的原因，提出了一些相应的解决对策等。

1.3.3 相关概念界定

1. 人格

人格（personality）一词渊源于拉丁文 Persona，原意是面具。古希腊时期人们用它来描述戏曲中人物的身份与性格。后来又由此引申出一个人的外在行为表现方式，以及他在生活中所扮演的角色、个人品质、声望等。按照现代心理学的观点，人们的行为方式一旦形成，就具有一定的稳定性、整合性等特征[①]，所以我们

---

① 孟昭兰.普通心理学 [M].北京：北京大学出版社，1994：475.

可以对人格概念做如下界定：人格是指人的性格、气质、能力、理想、道德、情感、兴趣、意志等个性心理特征的总和，是一种具有一定的动机性、稳定性、整合性、个体性等特征的心理趋向。

2. 人格结构

人格结构也称人格模型，主要是指构成人格特质的基本要素及其相互之间的关系。在现代心理学各学派之间都有自己不同的见解，如以卡特尔为代表人物的人格特质理论，提出了人格构成的16类不同因素；以荣格为代表人物的人格动力理论，强调了"意识""个体意识""集体意识"以及理想力、道德力、行为力等在人格形成中的地位和作用；以马斯洛等为代表人物的人本主义人格理论，强调了需要与人格的关系，构建了一个"心理需要—安全需要—归属与爱的需要—自尊需要—自我实现需要"的金字塔人格结构模型；我国心理学家还根据传统儒学中的"圣人""君子""士者""庶人""小人"等概念提出了理想人格和道德人格等人格结构。

3. 人格动力结构

人格动力结构是现代人格动力心理学的一个基本范畴，它主要强调人格构成中的那些对人格形成和发展产生重要影响的关键性因素，如关于人生信仰方面的理想力，关于行为规范方面的道德力、行为力，关于心理趋向方面的情感力、兴趣力、意志力，关于人类经验和知识方面的智慧力等等。这些因素的消长变化以及它们之间的结构方式，不仅影响着人格的品质，而且还规范和制约着人格发展的趋向。显然，人格动力结构中的这些基本因素与思想政治教育密切相关，我们完全可以把人格动力结构引入思想政治教育、网络思想政治教育领域。

4. 网络人格

网络人格是指人们在网络活动中，根据自己的理想创造出一个与现实"自我"存在某些差距的网络虚拟的"自我"。从它的构成要素看，也是虚拟"自我"中理想、道德、行为、智慧、情感、兴趣、意志等特征的总和。网络人格可能与现实存在着巨大差距，甚至可能存在着尖锐的对立。在现实生活中我们虽然难以觉察到网络虚拟人格的存在，但是它对现实人格的影响不容低估。网络人格和现实人格既相互独立，保持自己的稳定性，也会产生相互之间的强化、抵御、改变等影响。因此，重视网络人格对现实人格的作用和影响，是我们研究网络人格的主要出发点。

5. 青少年网络人格动力结构

青少年网络人格动力结构是青少年网络生活中所表现出来的虚拟"自我"人格中的理想力、道德力、行为力、智慧力、情感力、兴趣力和意志力等要素的统一。

第2章 青少年网络人格动力结构的理论分析

　　人格研究最早出现在心理学研究领域。古希腊学者希波克拉底主要从个人的个性心理特征出发,提出体液—气质人格理论。到了近代,西方人文主义者在他们的研究中加入了人本主义的元素,提出了"我自己是凡人,我只要求凡人的幸福"[①]等具有强烈理性自由主义倾向的人文主义人格理论。到了今天,人们对人格研究的内容已更加具体化,对人格研究的方法更具综合性。郑永廷、张耀灿、吴满意等关于思想政治教育研究需要引入人格研究的倡议,为现代人格心理学研究、思想政治教育学研究提供了重

[①]　彭晓琳,等.人格与幸福:文化视角下的青年人格塑造[M].北京:中国民主法制出版社,2011:24~25.

要的启示。

2.1　青少年网络人格培育与思想政治教育

人格教育理论和思想政治教育理论的目标和核心都是关注人的发展，促进人的完善。这两个不同的理论体系无论在主要内容、目标手段等方面都有许多相同或相似之处。因此，将人格理论与思想政治教育理论结合起来研究青少年网络人格动力结构，不仅有重要的理论意义，而且也有重要的实践价值。

2.1.1　人格与人格动力结构

大约在公元前500年，古希腊学者希波克拉底就提出了血液、黏液、黑胆汁、黄胆汁的体液—气质人格理论。现代人格理论的创立是以1937年美国心理学家阿尔波特的《人格：心理学的解释》出版为标志的。^① 因此，可以说现代人格理论是一门诞生才80年的新兴学科。但是，我们也不能忽视历史上人们对人格和人性问题的一些重要讨论。如中国古代思想家孔子的"圣贤""君子""小人"、荀子的"性恶"、杨雄的人性"善恶混"等对人性、人格问题的讨论。中国古思想家对人性和人格的问题讨论虽然谈不上严格

----

① 郑雪.人格心理学 [M].广州：暨南大学出版社，2001：9~10.

意义上的人格理论，但是其中却包含了丰富的人格思想内蕴。

那么究竟什么是人格的确切内涵呢？人格（personality）一词渊源于拉丁文 Persona，原意是面具。古希腊时期人们用它来描述戏曲中人物的身份与性格。后来又由此引申出一个人的外在行为表现方式，以及他在生活中所扮演的角色、个人品质、声望等。按照现代心理学的观点，人们的行为方式一旦形成，就具有一定的动机性、稳定性、整合性、个体性等特征[①]，所以我们可以对人格概念做如下界定：人格是指人的性格、气质、道德、能力等个性心理特征的总和，是与人的行为模式相联系的理想、道德、行为、智慧、情感、兴趣、意志等要素的统一体。

正确把握"人格"的概念，首先，要认识到人格是指一个人的外在的行为模式。如个人在各种不同环境中所表现出来的一致的行为方式、生活风格、生活方式，以及与他人互动的方式、个人的社会角色等。其次，要认识到人格是一个人的内在动力组织，如动机、态度、信念和价值观等。人格结构中动力组织的稳定性，人生态度、内心信念和价值观念的社会进步性常常是我们判别人格高下、好坏的重要标准。最后，要把构成人格系统的各要素整体联系起来。理想、道德、行为等人格要素既是内蓄于中又是形之于外的统一体，孤立地看待其中任何一个要素都是对人

....

① 孟昭兰.普通心理学 [M].北京：北京大学出版社，1994：475.

格的片面认识。

　　人格的构成要素是复杂多样的，不同的理论、不同的学者都有不同的认识。比较有代表性的有著名的人格心理学家卡特尔（Raymond B.Cattell,1905—1998）提出的16种不同的人格特质类型理论，并编制了由"乐群性""聪慧性""稳定性""独立性""自律性"等16大类主题词汇构成的"卡特尔16种人格因素问卷"，有些学者也称之为"卡特尔人格量表"，如表2-1所示。也有学者提出了"五因素模型"（Norrman，1963）和"七维度"理论（Waller，1995）等。

　　把握人格概念，必须把人格与个性、性格或气质相区别，把人格与品格相区别。如果我们从心理学角度看，人格和性格、个性、气质是一组相近的概念，后三者更强调的主要是个体心理特征，我们常用多血质、胆汁质、黏液质、抑郁质这四种类型来描述它们。其实性格、个性、气质没有好坏的区分，但人格强调更多的是它的行为趋向中的社会性因素，如我们上面揭示的个人内在的动力组织等内容，因此，对人格的评价是有高下、好坏的区分的。至于品格，虽然也有好坏之分，但是它基本属于伦理学分析与评价的范围，比人格概念涉及的外延相对要小，一般不包括人的外在的行为模式等内容。

表2-1　卡特尔人格特质表

人格因素	低分者特征	高分者特征
A 乐群性	沉默孤独	乐群外向
B 聪慧性	愚钝，抽象思维能力差	聪慧、抽象思维能力强
C 稳定性	情绪不稳定，无耐心	情绪稳定、有耐心
E 好强性	温顺、随和	支配、好斗、有己见
F 兴奋性	严肃、谨慎、安静	轻松、热情、活泼、幽默
G 有恒性	权宜、敷衍、轻规则	有恒、负责、遵守规则
H 敢为性	畏怯退缩	冒险敢为
I 敏感性	粗心、迟钝	细心、敏感
L 怀疑性	信任、接纳	怀疑、警觉
M 幻想性	实际、合符常规	幻想、不实际
N 世故性	直率、天真	精明能干、世故
O 忧虑性	安详沉着，有自信心	不安、多疑、自责
Q1 求新性	保守、传统、抗拒改变	自由、批评、求新
Q2 独立性	依赖群体	自立
Q3 自律性	冲动、无法自制	克制、自律、严谨
Q4 紧张性	放松、沉着、欲求低	紧张、迫切、欲求高

　　人格动力结构是现代人格动力心理学的一个基本范畴，它主要强调人格构成中的那些对人格形成和发展产生重要影响的关键

性因素。借鉴荣格和阿德勒等人的有关论述，我们可以将人格动力结构构成作这样的概括：人格动力结构主要包括关于人生信仰方面的理想力，关于行为规范方面的道德力、行为力，关于心理趋向方面的情感力、兴趣力、意志力，关于人类经验和知识方面的智慧力等。毫无疑义，这些因素的消长变化，不仅影响着人格品质的培育，而且还规范和制约着人格发展的趋向。

如果从学科交叉的视角研究，我们发现人格动力结构中理想力、道德力、行为力、智慧力、情感力、兴趣力和意志力的培育和思想政治教育学的目的论、环境论、方法论(或手段论)存在着高度的契合性。正是由于人格动力结构中的这些基本因素与思想政治教育密切相关，所以我们完全可以把人格动力结构引入思想政治教育、网络思想政治教育领域。为此，我们对青少年网络人格动力结构进行这样的定义：青少年网络人格动力结构是青少年网络生活中所表现出来的虚拟"自我"人格中的理想力、道德力、行为力、智慧力、情感力、兴趣力和意志力等要素的统一。

青少年网络人格中的理想力主要是指虚拟理想对青少年理想信念、价值观念、人生态度的作用与影响；青少年网络人格中的道德力主要是指网络道德对青少年道德认识、道德行为、道德评价的作用与影响；青少年网络人格中的行为力主要是指网络行为对青少年行为动机、行为方式、行为结果的作用与影响；青少年

网络人格中的智慧力主要是指网络信息资源和网络技术平台对青少年智力开发、知识获取、技能培养的作用与影响；青少年网络人格中的情感力主要是指虚拟情感对青少年情感表达、情感类型的作用与影响；青少年网络人格中的兴趣力主要是指网络兴趣对青少年兴趣范围、兴趣特点的作用与影响；青少年网络人格中的意志力主要是指网络意志对青少年意志品质的独立性、坚持性、自控性的作用与影响。

在青少年思想政治教育、青少年网络思想政治教育中引入青少年网络人格动力结构概念，对于我们培育青少年健康网络人格、促进青少年健康成长不仅有着十分重要的理论意义，而且有十分重要的实践意义。

2.1.2　青少年网络人格动力结构与思想政治教育目的论

现代思想政治教育学认为，人的全面发展是现代思想政治教育的最高价值目标。具体地说，它既包括人的能力的充分而全面的发展，也包括人的需要的全面发展，还包括人的社会关系的全面发展，以及人的个性自由而全面的发展[①]。郑永廷、张耀灿还在最高价值目标的基础上，提出了一个以"理想信念教育是核

---

① 王学俭.现代思想政治教育前沿问题研究 [M].北京：人民出版社，2008：123~126.

心""爱国主义教育是重点""道德教育是基础""培养科学思维"等
为具体内容的完整的现代思想政治教育目的论理论体系。^① 这一
理论体系，不仅突出了思想政治教育的理论特色，而且包含了丰
富的人格教育内容，体现了思想政治教育目标任务体系与青少年
网络人格动力结构存在着密切的关联性。

　　青少年网络人格动力结构与思想政治教育目标任务体系在内
容结构上一致。在思想政治教育目标任务体系中，强调"理想信
念教育是核心"，这体现了思想政治教育目标中对高尚理想的追
求和对坚定信念的培养，是理想力和意志力的统一；突出"爱国
主义是重点"，包含了思想政治教育对爱国主义健康情感和行为
的高度重视，体现了情感力和行为力的一致性；提倡"道德教育
是基础"，表明了道德教育在思想政治教育中的重要地位，强调
了品德修养中自律和他律的道德力；重视"培养科学的思维"，既
体现了对科学知识的崇尚，也体现了对科学方法的探索和遵循，
是智慧力培养的重要目标。总之，以上思想政治教育目标体系中
的四项任务，包含了理想、意志、行动、情感、兴趣道德、智慧
等七个方面的具体内容，它与我们前面所述及的人格和网络人格
构成要素中的理想力、道德力、行为力、智慧力、情感力、兴趣

....

① 　张耀灿，郑永廷.现代思想政治教育学 [M].北京：人民出版社，2006：
　　149~159.

力、意志力等七大要素是基本一致的，因此，我们也可以说思想政治教育的目标、任务与培育青少年健康网络人格的目的、任务在内容上是一致的。

青少年网络人格动力结构与思想政治教育目标任务在实现手段上互相沟通，互为补充。这主要体现在：首先，人格是形成特定世界观、人生观和价值观的内在心理依据。培养正确的世界观、人生观，促进人的自由全面发展，是思想政治教育最根本的目的，但是正确人生观、价值体系的形成是必须以相对稳定统一的人格心理为基础的。只有有了一个统一和稳定的情感、行为、意志等心理过程和人格形态，才能形成稳定统一的人生观和价值观，否则，分裂的人格是不可能产生稳定、正确的人生观和价值观的。同样，青少年网络人格的特点和形态也必然会对青少年的人生观、世界观产生极其重要的影响。其次，人格还是形成特定道德素质的主要动力。作为一种具有综合性和相对稳定性的个性心理特征系统，人格一旦形成，人们的行为、心理趋向、人生态度、价值判断等也就基本趋于稳定，这些也就必然会影响到他们的道德取向。良性的人格对于建立良性的道德素质有着重要的规范作用。因此，人格也是形成特定道德素质的内在驱动力。人格与道德关系对于我们进行青少年网络人格培育提供了重要的启发。最后，人格对于道德，人格对于世界观、人生价值观的影响作用具有相对性，即人格既可以影响人的价值观、世界观、人生观和道德意识，人的价值观、人生观、道德观也会影响人格的发展与完善，有时甚至相互转化。因此，思想政治教育与青少年网络人格动力结构在手段上是互相沟通、互为补充的。

总之，青少年网络人格动力结构与思想政治教育目标任务体系存在着密切的关联性，青少年思想政治教育中许多要求和手段，对于加强青少年网络人格教育有重要的借鉴作用。

2.1.3 青少年网络人格动力结构与思想政治教育环境论

思想政治教育环境是指影响人的思想品德形成和发展，影响思想政治教育活动运行的一切外部因素的总和。根据现代思想政治教育理论的一般观点，我们可以把思想政治教育的环境从范围、状态、性质和内容等角度进行区分，如以范围区分的宏观、中观、微观环境，以性质区分的良性环境、恶性环境，以内容区分的社会物质环境和社会精神环境，以及以状态区分的开放环境和封闭环境等。不管是何种类型的环境，它们都具有多维度、复杂性、开放性等特征。特别是，张耀灿、郑永廷等在他们的《现代思想政治教育学》中对思想政治教育环境的功能进行了深刻的分析，提出思想政治教育的环境强化功能、导向功能和感染功能

主张[①]。思想政治教育环境的强化功能是指通过营造、利用思想政治教育的特定环境，接受思想政治教育的主体的主观认识持续不断地进行巩固强化，以提高思想政治教育工作的效能。思想政治教育环境的感染功能是指通过情绪感染、形象感染、群体感染等手段，影响思想政治教育接受者主体的价值取向和道德意识、道德判断等。思想政治教育环境的导向功能是指通过一定的法律制度、舆论宣传、利益指引等，影响思想政治教育接受者主体的价值认同和行为规范。总之，思想政治教育环境论的内容丰富，具有极强的可操作性。

与思想政治教育相关的社会存在就是思想政治教育的环境[②]。青少年网络人格环境与思想政治教育环境存在着许多共同性。它们不仅在环境的类型、环境的特点等方面完全一致，而且在环境的功能方面也非常相近。如环境对青少年网络人格的导向、环境对青少年网络人格的强化、环境对青少年网络人格的感染等。总之，思想政治教育环境论的基本观点对我们认识青少年网络人格具有重要的参考价值。下面对环境—青少年人格动力结构模型图

---

① 张耀灿，郑永廷.现代思想政治教育学 [M].北京：人民出版社，2006：299~301.

② 胡树祥.网络思想政治教育研究 [M].成都：电子科技大学出版社，2005：209.

简要说明之。图2-1主要描述环境对青少年人格动力结构系统的影响。图中包括青少年人格动力结构系统，即青少年现实人格(现实我)动力结构与青少年网络人格(虚拟我)动力结构；青少年人格需要结构系统；网络与现实环境等三大内容。图中所揭示的网络与现实环境对青少年人格动力结构系统的影响表现在如下三个方面：

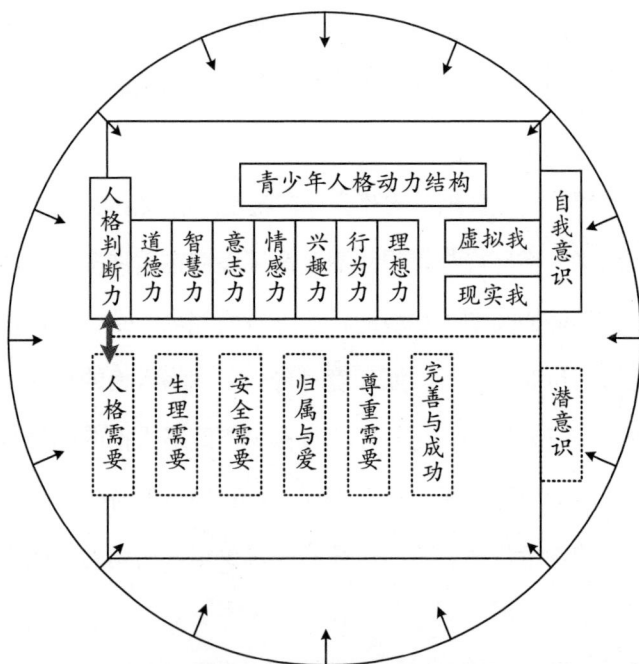

图2-1　环境—青少年人格动力结构模型 [①]

① 该图参考陈义平的人格动力结构模型绘制。原图见《思想政治学教育原理》，安徽大学出版社，2008年版，第38页。

第一，网络与现实环境影响青少年现实人格(意识层面的"现实我")动力结构，包括理想力、道德力、行为力、智慧力、情感力、兴趣力、意志力等；第二，网络与现实环境影响青少年网络人格(意识层面的"虚拟我")动力结构，包括网络人格中的理想力、道德力、行为力、智慧力、情感力、兴趣力、意志力等；第三，网络与现实环境影响青少年的人格需要力(潜意识)，包括生理需要、安全需要、归属与爱的需要、尊重需要、完善与成就的需要等。

特别需要说明的是，在图2-1中，青少年网络人格动力结构除了受到外部的环境影响外，在人格动力结构系统内部，它还受到现实人格动力结构系统各要素和人格需要各因素的影响。总之，思想政治教育环境论的基本观点，特别是它关于环境的结构—功能分析方法，为我们正确认识青少年网络人格动力结构提供了重要的思想启发。

2.1.4　青少年网络人格动力结构与思想政治教育方法论

思想政治教育方法论在现代思想政治教育学中有着十分重要的地位。思想政治教育方法是指教育者为了实现教育目的与任务、传递教育内容，对受教育者所采取的思想方法和工作方法。其中，思想方法是指教育者为了提高受教育者能力的方法，内容包括认识对象、认识环境等；工作方法就是教育者通过实施具体思想政治教育活动，促进受教育者思想政治品德形成发展的方法。思想政治教育方法论就是运用辩证唯物主义和历史唯物主义的基本理论与观点，研究和揭示人们的思想形成、发展、转化的规律，实施思想政治教育的规律，以及运用这些规律提升人们思想政治水平和思想道德素质的方法的总和。它包括思想政治教育的基本原则和思想政治教育的方法等[①]。前者包括精神鼓励与物质利益相结合的原则，理论与实际相结合的原则[②]，解决实际问题与解决思想问题相结合的原则，育人为本的原则[③]，以及疏与导相结合、教育与自我教育相结合的原则等；后者有说服教育法、典型教育法[④]、寓教于乐教育法、感化教育法、自我教育法、心理咨询法、冲突缓解法等。随着现代网络环境与网络技术的发展，人们还提出了网络思想政治教育方法论体系，如《大学生网络思想政治教育理论与方法》中根据互联网环境特点的新变化，提出了"突

---

① 苏振芳.思想政治教育学 [M].北京：社会科学文献出版社，2006：229.

② 张耀灿，郑永廷，吴潜涛，等.现代思想政治教育学 [M].北京：人民出版社，2006：369.

③ 徐建军.大学生网络思想政治教育理论与方法 [M].北京：人民出版社，2010：79.

④ 刘新庚.现代思想政治教育方法论 [M].北京：人民出版社，2006：225.

出隐蔽性""彰显个性化",以及构建互动平台,实施"在线互动教育"[①] 等。这些理论原则和实施方法的提出和运用,切实增强了思想政治教育的实效性。

青少年网络人格动力结构与青少年思想政治教育虽然也存在着一定的差异,如前者侧重于研究对青少年网络生活中所表现出来的个性心理特征以及这些心理特征与现实自我中个性心理特征的差异及相互影响等问题,后者主要侧重于研究对青少年各种环境条件下的思想品德的形成、发展及转变等问题。但是,它们也存在着许多的共同性,如共同的教育环境——青少年学习和生活的现实和虚拟环境,共同的教育对象主体——青少年,共同的目标和任务——培育青少年正确的世界观人生观、价值观,以及某些共同的具体施教内容——理想、道德、情感、兴趣、行为、意志等。这些"共同",为我们研究青少年网络人格动力结构问题,提供了许多方法论的借鉴。如解决实际问题与解决思想问题相结合的原则,尊重人、理解人、关心人与严格要求相结合的原则,以及感化教育法、自我教育法、心理咨询法、构建互动平台,实施"在线互动教育"方法等。

此外,青少年网络人格动力结构与青少年思想政治教育在

---

① 徐建军.大学生网络思想政治教育理论与方法 [M].北京:人民出版社,2010:76~82.

方法上也存在着互补性。思想政治教育本身是一项综合性的系统工程，如果单纯地强调思想、政治和道德教育是难以达到青少年思想政治教育的目的的。我们在开展青少年思想政治教育的工作中，也要从青少年的实际情况出发，联系他们个人的生理、需要、动机、情感、欲望等人格特征，加以正确的引导、启发，以达到转变他们的思想、调节他们的行为、促进青少年健康成长和全面发展的目的。因此，从这个意义上讲，将思想政治教育与青少年人格培育中的动力结构紧密结合起来，可以增强思想政治教育的针对性和实效性。反之，如果思想政治教育忽视了青少年人格培育中的动力结构，那么思想政治教育也就失去了应有的意义。

总之，这些"共同"与"互补"，使我们在方法论上，必须高度重视青少年网络人格培育中的动力结构与现代思想政治教育方法的借鉴和运用，实现两种方法的优势互补，提高青少年人格培育与思想政治教育的实际有效性。

2.2 青少年网络人格动力结构的心理学分析基础

心理学对人格研究的最重大贡献不仅是比较全面地讨论人格构成的基本要素，而且还深刻地论述了人格与环境的关系。人格心理学的这些基本理论观点为青少年网络人格研究提供了重要理

论基础。

2.2.1 人格与环境

在人格的形成与发展问题上，传统人格理论长期存在着遗传决定论和环境决定论的争论。遗传决定论主张人的人格特质是与生俱来的，不同个体的生理基础在人格形成中起决定作用。遗传决定论的代表人物是艾森克（Hans J. Eysenck，1916—1997）。艾森克以跨文化人格理论和双生子人格理论为依据，论证了不同文化背景下人们人格特质的共同性，并强调了同卵双生子比异卵双生子的人格特质具有更多的同质性①。遗传决定论忽视了环境因素对人格形成的影响。

环境决定论主张环境是人格形成的决定因素，代表人物为心理学家华生。华生认为，除了那些天生有生理缺陷的人，绝大多数人没有什么区别。但是由于他们生活的环境不同以及他们的人生经历不同，他们所接受的刺激作用也不同，因而也就形成了不同的条件反射系统，形成了不同的人格特质。因此，华生认为人格是由受强化的经验而形成的一贯性行为模式。环境决定论把影响人格形成的环境因素还区分为共享环境和非共享环境。

---

① 全国十二所重点师范大学联合编写.心理学基础[M].北京：高等教育出版社，2002：174.

　　共享环境是指不同个体所共同享有的环境，如家庭环境、学校环境等。共享的家庭环境包括既有的家庭经济状况、家庭氛围、父母的受教育程度以及对子女的教育方式等。这些因素对家庭成员来说是共同分享的，它们对子女的人格特质、行为方式等会产生重要的影响和作用。如在家庭暴力环境下长大的孩子，形成自闭、攻击等人格特征的概率较大；在体贴、温暖家庭环境长大的孩子，形成独立、成熟、友好等人格特征的现象更加普遍；在离异家庭长大的孩子则容易形成内向、孤僻、偏执等人格。

　　非共享环境强调的是不同个体所处环境具有的差异性、非共享性。如就家庭而言，兄弟姐妹出生的次序、受父母的宠爱程度等因素对于同一家庭的成员也是存在着差异的。一般地，长子（女）在家庭中享受了更多与独生子女相似的待遇；次子（女）出生后，长子（女）又被赋予了一些与父母类似的权威和责任，因此，他（她）们的人格特质中有更多的慎重、自尊、协调等特征。最小的子女容易受到父母、兄姐的溺爱、袒护等，因而在他（她）们的人格特质中有的是更多的依赖、任性、腼腆、胆小等。

　　也有研究者将影响个人人格的环境因素区分为宏观环境和微观环境两大类别，前者如历史背景、社会阶层、支配权等，后者

如家庭、同伴、工作、大众传媒等[①]。无论是何种环境，它对人格的影响的确是巨大的。在现实生活中，随着人们生活社会化程度日益上升，人们的活动空间、活动方式也发生了深刻的变化，影响人格的环境因素也远比以上内容复杂。特别是互联网条件下虚拟空间和网络生活方式的出现，使家庭、学校、单位等共享性环境对人格发展的影响力有下降的趋势，这也是我们在研究青少年网络人格时必须更加关注的一个重要问题。

2.2.2 网络人格与青少年网络人格动力结构

如果说人们的现实人格的差异性主要是由客观现实环境的复杂多样性所引起的，那么互联网环境的无序、无界、虚拟、多元等超现实的主要特征对人们人格的影响则尤为显著。正如斯坦诺夫在《虚拟实在》中所描述的："在我的以计算机为媒介的世界里，自我是多样的、流动的，并且是在与机器的交互作用中形成的；自我由语言构成和变换。"[②] 这种"多样的""流动的""由语言构成和转换"的"自我"，不仅反映了网络虚拟环境对人格因素影响的复

[①] 郭永玉.人格心理学：人性及差异的研究 [M].北京：中国社会科学出版社，2005：176~186.

[②] 卢西亚诺•弗洛里迪.计算与信息哲学导论 [M].北京：商务出版社，2010：380.

杂性，而且强调了这种"在与机器交互作用中形成的"以及"由语言构成和变换"的"自我"，其实质就是一种虚拟"自我"。按照心理学的人格理论，我们也可以称其为虚拟人格或网络人格。

对于网络人格的讨论，学术界有着多种不同认识。尼葛洛庞帝的《数字化生存》中称其为"虚拟人物的行为和生活方式"①，库珀在《互联网文化》中称其为"虚拟条件下的个人身份认同"② 等，而我国研究者李望舒、天歌等人则直接使用了"网络人格"的提法③。但是，究竟什么是网络人格，我们如何去定义网络人格呢？如果借鉴心理学给人格的解释，我们可以这样定义：网络人格是指在网络中表现出的独立的、相对完整的人格，即人们在网络活动中，根据自己的理想创造出一个与现实"自我"存在某些差距的网络虚拟的"自我"。从网络人格的构成要素看，网络人格也是虚拟"自我"中理想、道德、行为、智慧、情感、兴趣、意志等特征的总和。网络人格一旦形成，往往进入潜意识的层次，并对现实人格产生重要的影响作用，常常会对现实人格中某些积极或消极的因素进行不断的强化、抵御，有时还会发生人格扭曲，甚至产

---

① 尼葛洛庞帝.数字化生存 [M].海口：海南出版社，1997：247.

② 卢西亚诺·弗洛里迪.计算与信息哲学导论 [M].北京：商务出版社，2010：366.

③ 李望舒.网络人格变异的心理特征及其矫正方法 [J].陕西中医，2004，25（9）.

生双重人格^①等不利因素。由于青少年正处在人格发展中的可塑阶段，因此正确分析和对待青少年的网络人格，有着更为重要的意义。

青少年网络人格亦称青少年虚拟人格，是指青少年在网络活动中所表现出的行为、情感、意志等相对稳定的心理趋向。由于现代人格心理学对人格结构模型有不同的解释，如人格特质理论强调的是人格外显的乐群、温顺、好斗(见本章前文的卡特尔人格特质表)等心理特征；人格动力理论则强调构成人格要素的基本结构；行为主义人格理论强调环境、经验等因素对人格的影响；人文主义人格理论强调人的需要和历史文化对人格的影响等。我们综合和借鉴以上各种学派的观点，完全可以对青少年网络人格动力结构做进一步的阐述：青少年网络人格动力结构是指青少年在网络生活中所呈现出来的，并对青少年网络人格的形成及发展产生重要影响的一些关键性因素，以及这些因素之间相互联结、相互作用、相互影响的关系。这些因素既有涉及人生信仰方面的理想、道德等内容，也有关于心理趋向方面的情感、兴趣、意志等内容，还有联结着人类文化和个人知识能力方面的行为、智慧等内容。概括地说，青少年网络人格动力结构就是体现青少年虚拟"自我"中的理想力、道德力、行为力、智慧力、情感

① 欧阳光耀.试析网络交往中的双重人格 [J].当代教育论坛，2008（2）.

力、兴趣力和意志力等要素的有机统一。

青少年网络人格中的理想力主要是指虚拟理想对青少年理想信念、价值观念、人生态度的作用与影响；青少年网络人格中的道德力主要是指网络道德对青少年道德认识、道德行为、道德评价的作用与影响；青少年网络人格中的行为力主要是指网络行为对青少年行为动机、行为方式、行为结果的作用与影响；青少年网络人格中的智慧力主要是指网络信息资源和网络技术平台对青少年智力开发、知识获取、技能培养的作用与影响；青少年网络人格中的情感力主要是指虚拟情感对青少年情感表达、情感类型的作用与影响；青少年网络人格中的兴趣力主要是指网络兴趣对青少年兴趣范围、兴趣特点的作用与影响；青少年网络人格中的意志力主要是指网络意志对青少年意志品质的独立性、坚持性、自控性的作用与影响。

青少年网络人格动力结构中的虚拟理想、网络道德、网络行为、虚拟情感等要素具有明显的超现实性的特点，它们对青少年现实人格和青少年网络人格的发展和完善既有积极的作用，也有消极的作用。其积极的作用极大地促进了青少年人格的健康成长，其消极作用也可能导致青少年现实人格中的自我放纵、精神飘离、思维的"虚化"、行为能力的萎缩等，特别是网络世界的各种虚假的、不健康的信息等，更是导致青少年思想堕落、行为越轨的重

要诱因。由于青少年人格发展具有不确定的特点，而且网络生活也是青少年课余或工作之余的重要生活方式，因此，重视青少年网络人格培育中的动力结构研究，提倡在网络文化中唱响主旋律，对于培养青少年崇高的理想、卓越的智慧、健康的行为、高尚的道德情趣和坚韧不拔的意志，克服青少年网络人格中的消极因素，培固壮大青少年网络人格中的积极因素，帮助他们实现从健康网络人格到健康现实人格的升华，有着十分重要的意义。

2.3　青少年网络人格动力结构的系统论分析

系统不仅强调内部各构成要素之间的密切关联，而且还强调系统功能与各要素功能间的差异，强调系统功能外部环境之间的紧密联系。从现代系统论的基本观点和方法考察青少年网络人格动力结构，对我们正确认识这一系统的构成要素、结构功能，以及它与青少年所处的现实外在环境和虚拟网络环境间的关系有着重要的借鉴意义。

2.3.1　系统及其构成

系统论与信息论、控制论一起被人们称之为20世纪三大横断科学。它创立于20世纪30年代，其标志性代表人物是美籍奥地利生物学家贝塔朗菲。贝塔朗菲在1937年就提出了一般系统的概念，并在《德国哲学周刊》1945年第18期上发表《关于一般系统论》的文章，但是不久该文毁于战火，未引起人们的注意。第二次世界大战后，贝塔朗菲在1955年发表专著《一般系统论》，初步奠立了系统科学的基本框架。1968年贝塔朗菲发表新作《一般系统理论：基础、发展和应用》，这也标志着现代系统论的正式创立。

贝塔朗菲认为，系统是由两个以上要素组成的具有整体功能和综合行为的统一集合体[①]，其中要素、功能、结构和环境是系统的基本条件。

要素是指系统构成的基本成分。要素和系统的关系，是部分与整体的关系[②]。但是，要素与系统的区分具有相对性。如太阳系与地球、银河系的关系：对于地球，太阳系是系统，地球是要素；对于银河系，太阳系是要素，银河系是系统。因此要素只有与由它和其他要素构成的系统比较，才是要素；而与构成它的组成部分相比较，则又是系统。

结构是系统内部各要素的联结方式[③]。任何一个系统都有自己特定的结构，不同的系统结构会发挥不同的作用和功能。如战国

[①] 潘永祥，等.自然科学概述 [M].北京：北京大学出版社，1986：525.

[②] 潘永祥，等.自然科学概述 [M].北京：北京大学出版社，1986：526.

[③] 潘永祥，等.自然科学概述 [M].北京：北京大学出版社，1986：526.

时期的田忌赛马。孙膑运用上、中、下等马不同的组合出场方式使田忌赢得了齐王的重金赌注。可见比赛中作为整体系统的马，其不同的结构方式会产生不同的胜负结果。因此，结构是实现整体功能大于部分功能之和的关键。

功能是系统与外部环境在相互联系和影响的过程中所产生的效能[①]。它体现了系统与要素、系统与环境之间的作用影响以及它们之间的信息沟通与交换关系等。离开系统和要素之间以及系统与环境之间的信息交换和作用影响，也就无从考察系统的功能。

环境是系统与边界之外产生联系或进行信息交换的客观事物及其总和。系统的外部环境是系统存在、变化和发展的必要条件。虽然系统的作用也会给外部环境带来某些变化，但更重要的是系统外部环境的性质和内容的变化，会给系统的性质和功能带来根本性的改变。因此，任何一个稳定的系统都必须具有适应外部环境变化的功能，否则，它将无法获得生存与发展。

2.3.2 系统的一般特征

系统论将其研究对象当作一个系统，通过分析系统的结构和功能，研究系统、要素、环境三者的相互关系和变动规律，克服了以往传统分析方法的着眼点在局部或要素，遵循的是单项因果

---

① 潘永祥，等.自然科学概述 [M].北京：北京大学出版社，1986：526.

决定论等思维局限，强调了对系统整体性、关联性、层次性等主要特征的把握。

系统的整体性通常理解为"整体大于部分之和"，即系统的功能并不是各要素功能的简单相加，而是大于各个部分功能的总和。系统的整体性表明各要素在有机地组织为系统时，系统已具有其构成要素本身所没有的新质，如细胞与生命体、零部件与机器等。同样，系统的整体功能也不等于所组成要素各自功能的总和。因此，我们考察和研究任何一个对象时，既不能仅考察与研究宏观上的整体，也不能仅考察与研究单个孤立的要素，而更应该深入了解整体的构成要素，以及在宏观上把握构成整体的功能。总之，我们在认识和改造系统时，必须从整体出发，通过组成系统各要素间的相互关系去认识系统整体的本质和规律，把握系统的整体效应。

系统的关联性是指系统内部各要素之间是相互联系和作用的，系统与外部环境之间也是互相联系和作用的，前者叫系统的结构，后者叫系统的功能。结构、功能反映了要素与要素、要素与系统、要素与环境之间的密切关联性。特别就要素与系统而言，系统与要素既是统一的，又是对立的。系统的性质是要素所没有的，系统的发展规律也不同于要素的发展规律。但是，系统与要素也是相统一的，系统的性质需要以要素的性质为基础，系

统的规律必须通过要素之间的相互关系(结构)体现出来。没有脱离要素而存在的系统,也没有脱离系统而存在的要素。

系统的动态性是强调系统的有机联系不是静态的而是动态的,不是封闭的而是开放的。系统的动态性主要表现在两个方面:其一,系统内部的结构状况是随时间而变化的;其二,系统必定与外部环境存在着物质、能量和信息的交换。贝塔朗菲以生物体的新陈代谢阐述这一问题,认为生物体的新陈代谢就是生命系统中的一种动态平衡,新陈代谢停止,生物体的系统就不再存在,生物就死亡。所以,任何系统都是动态的,系统的动态性也体现了系统的开放性。

系统的层次性是指任何复杂系统都具有一定的层次结构,其中较低一级的要素是它所属较高一级系统的组成部分。无论是自然领域还是人类社会领域,到处都充斥着各种不同层次的系统结构。如从宇宙到基本粒子,从社会政治、经济到个人生活、个人人格,都存在着若干不同的系统层次,各系统层次之间又相互交叉、相互作用。

2.3.3 青少年网络人格动力结构

依照心理学分析的人格构成要素和人格与环境的关系,以及系统论的系统整体性、关联性、层次性、动态性、开放性原理,我们可以对青少年人格结构系统中的理想力、道德力、智慧力、行为力、情感力、兴趣力、意志力等七大构成要素，进行如图2-2所示的构建。

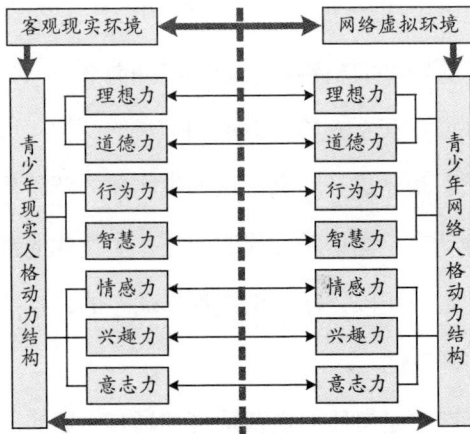

图2-2 青少年人格动力结构系统示意图

图2-2说明：虚线将人们生活的环境分为现实与虚拟两部分，与之相对应的是青少年的现实人格动力结构与网络人格动力结构。当我们把人格及其要素构成看成一个系统时，就有了两大相对应的人格动力结构系统。双箭头表示环境与环境、系统与系统、要素与要素之间的互动。括号与实线表示要素与系统之间的关联与层次关系。在这里，为了描述的简洁性，我们根据各要素性质的特性将该系统分解为理想力与道德力、智慧力与行为力、兴趣力、情感力和意志力三个层次，具体说明如下：

(1)青少年网络人格动力结构中的理想力和道德力。理想力是人格的灵魂，它体现了人们对自己、他人和社会的态度和倾向性。理想是决定人格发展方向的重要因素。在网络活动中，人们根据自己的理想创造出一个与现实"我"存在某些差距的网络"我"，这个虚拟的个体可能是与现实存在着巨大差距的，有些内容甚至是完全不存在的，所提供的资料都是现实中无法证实的。由于网络环境的虚拟性，网络人格中的理想道德往往表现出超现实的特点。其积极方面的作用对于塑造青少年的积极人生和强化道德自律力量有十分重大的暗示和激励作用，其消极方面的作用容易导致青少年现实人格中的精神飘离现象。

(2)青少年网络人格动力结构中的智慧力和行为力。网络手段使现代人类获取知识的容量和速度发生了根本性的变化。手指"百度"一下，古今中外各类知识尽收眼底。但是网络环境中的信息膨胀，也考验着人们的信息加工能力、判断能力、批判能力、实践能力、创造能力等。网络不仅"助长"了人类的智慧，也容易导致思维的"虚化"和行为能力的萎缩。特别是网络世界中鱼龙混杂的各种虚假的、不健康的信息等，更是导致青少年思想堕落、行为越轨的重要诱因。因此构建科学的青少年网络行为的规范体系，对于培养青少年健康人格有着十分重大的意义。

(3)青少年网络人格动力结构中的情感力、兴趣力和意志力。

健康人格体现的是一种完满的美、崇高的美，是人格力量中智慧的真、道德的善的统一。人格因素中的情趣审美，从内涵上看，以真和善为核心，超越理性，充满激越的情感，具有崇高的品质，蕴含无比的人格力量；从外在表征来看，真诚的语言、质朴的行动，体现了人们心灵美、语言美、行为美的完美统一。意志力主要是指克服个人内心障碍的自制力和克服困难的坚韧性，它是个人人格的支柱，是走向健康人格的保证。在网络活动中，由于网络环境的虚拟性和网络内容的多样性，对于青少年在网络生活的自主交往中培养他们的健康情感和意志兴趣有着在现实环境中无可比拟的优越性。但是对网络虚拟世界的过分依赖，也容易导致网络人格的孤寂自闭、意志消沉等。因此，正确认识青少年情趣和意志的可塑性，帮助青少年认识虚拟与现实情感的差异性，以积极的内容、丰富的形式加强正面引导，对于塑造青少年的健康人格，显得尤其重要。

当然，上述三个层次的划分是相对的。把握青少年网络人格动力结构必须坚持把构成青少年网络人格动力结构的各要素作为一个有机统一体来认识，即我们既要看到青少年网络人格动力结构中理想力、道德力、行为力、智慧力、情感力、兴趣力、意志力诸要素之间的区别，还要看到它们之间的互相联系、互相影响、互相渗透。如青少年网络人格动力结构中理想力的形成既有意志

力、道德力的影响，也有情感力、行为力、智慧力、兴趣力的参与；同样，青少年网络人格动力结构中情感力的培养既离不开理想、道德，也离不开行为、兴趣、智慧。总之，青少年网络人格动力结构各要素互相依存，互相联结，你中有我，我中有你，孤立地看待其中任何一个要素都是对青少年网络人格动力结构的片面认识，是形而上学的观点。

第3章 青少年网络人格动力结构中的理想力

　　我国著名现代诗人流沙河曾在他的诗歌中这样写道："理想是石，敲出星星之火；理想是火，点燃熄灭的灯；理想是灯，照亮夜行的路；理想是路，引你走向黎明……"[①]自古以来，无数的志士仁人都曾为理想而讴歌：在中国古代有"有志者，事竟成"的谚语，在西方现代有爱因斯坦对"猪栏的理想"的鞭挞。总之，理想是一个人人格发展的灵魂。要培育青少年健康的网络人格，就必须重视虚拟理想对青少年理想信念、价值观念、人生态度的影响作用，即对青少年网络人格动力结构中的理想力的关注。

....

① 流沙河. 流沙河诗集 [M]. 上海：上海文艺出版社，1982：232~234.

3.1　理想与青少年的人格境界

理想是一个人的灵魂，它反映一个人的人生境界。塑造健全、完善的人格不仅是青少年人格教育的目的，而且也是青少年网络思想政治教育的重要目标和任务。加强青少年理想教育，必须要从青少年自身特点出发，全面深刻地把握青少年理想的类型、特点及其意义等。

3.1.1　理想与人格

每个人都有不同的理想。由于人们的年龄、族群、阶层、文化和个人经历等不同，理想也就不同。有的人的理想卑微渺小，有的人的理想遥远宏大。当科学家是理想，开个小店也是理想……那么究竟什么是理想呢？根据《现代汉语词典》的解释，理想是"对未来事物的想象或希望(多指有根据的、合理的，跟空想、幻想不同)"①。也有的书把它解释为"同奋斗目标相联系的有实现可能性的想象"，是"对某事物臻于最完善境界的观念"等。通过这些不同的解释，我们发现理想有以下几个方面的特征：

(1)理想是一种想象和希望，是人类特有的精神现象，属于意

----

① 中国社会科学院语言研究所.现代汉语词典（修订本）[M].北京：商务印书馆，1997：774.

识的范畴。马克思主义认为人类活动与动物行为在本质上的区别就在于，动物只能在本能支配下采取一些被动的因应性行为，而人类在从事现实的行为活动之前，就已经在自己头脑中预设了行为活动的状态或者结果。因此，人类的行为活动总是主动的、有目的的、有意识的、有计划的。马克思在《资本论》中曾指出："蜘蛛的活动与织工的活动相似，蜜蜂建筑蜂房的本领使人间的许多建筑师感到惭愧。但是，最蹩脚的建筑师从一开始就比最灵巧的蜜蜂高明的地方，是他在用蜂蜡建筑蜂房以前，已经在自己的头脑中把它建成了。"① 当然，对个别活动或事物的好的设想，我们只能称之为对个别理想结果的追求，而对整个人生过程、对自己全部活动或结果的设想和希望，我们才能够称之为理想或人生理想。人生理想体现了人们的世界观、价值观。

(2) 理想是一种未来的奋斗目标，它与合理性相联系，具有实现的可能性。并不是所有的想象都能成为理想，只有那种来源于人们现实生活、反映了事物发展的客观规律和趋势的想象，即具备一定合理性的想象，我们才称之为理想。理想与空想、幻想的区别就在于是否具有实现的可能性。脱离现实、脱离实践，只能产生空想、幻想，违背客观规律更是乱想、妄想。理想的实现程度，也是与现实、规律、实践等问题相联系的。只有那些能很好

---

① 马克思恩格斯全集（第23卷）[M]. 北京：人民出版社，1995：201.

地把握现实条件，正确地认识和利用客观规律，积极地投入个人努力于奋斗的人，才能更大程度地实现自己的理想。

(3)理想体现了对未来美好事物的期盼和希望，是一种超越现实的更高境界。歌德曾说过这样一句话：尚未实现的目标，要比已经达到的渺小目的更珍贵。理想虽然来源于现实，是以人们的社会实践为基础的，是对社会历史发展客观规律的正确把握，但是，理想也不只是对现实的简单复制。理想总是指向未来的，是对现实生活的缺陷和不完满性的超越，是对现实生活中尚未存在的东西的追求，是人们的要求和愿望的集中表达。因此，理想必然高于现实，是现实性与超现实性的统一。正是因为理想的超现实性，理想才会对人具有无穷的魅力和无限的感召力。

总之，理想作为人类特有的一种精神现象，是人们在实践中形成的、有现实可能性的一种对未来美好事物的向往和追求，是人们的世界观、人生观的集中体现。正是由于理想的现实性与超现实性相统一的特点，才使得理想与人格发展发生了密切的联系。这种联系体现在：

(1)理想是人格构成的重要内容。我们曾强调人格是指人的性格、气质、道德、能力等特征的总和，是个人内在的动力组织及其相应的行为模式的统一体，是理想、道德、行为、智慧、情感、兴趣、意志等各种力量的统一。在人格系统中，理想因素的

地位最关键，作用最重要。人们对理想的追求，不仅影响着人们的道德取向，而且也制约着人们的生活态度和行为风格，影响着人们的情感和兴趣。正是在这个意义上，毛泽东才提出要树立共产主义理想，做一个高尚的人，一个纯粹的人，一个有道德的人，一个脱离了低级趣味的人，一个有益于人民的人。可见，理想不仅是人格的重要构成内容，还是人格的灵魂。

(2)理想是人格发展的重要动力。人格系统也是一个动态开放的系统，在人格发展与完善的过程中，理想不仅提供重要的方向指引，而且还对人的道德、行为、智慧和意志等因素的发展和完善产生了重要的激励作用。我国早期著名的马列主义教育家杨贤江在他的《理想之势力》中曾指出："发展吾精神能力至最高度者，即立定理想，以之创作，以之行动，以达于圆满具足之境而已。故孰者致力学问，孰者致力道德，孰者致力艺术，皆为增历史之价值，高精神之效能者也。审乎此，则知历史者，非他，乃人群理想之记录耳。理想无穷，即历史无穷。"[1]坚定的理想可以锤炼人的道德，砥砺人的行为，磨砺人的意志，开启人的智慧，陶冶人的情操，激发人的兴趣，使人在追求进步和发展的过程中，实现人格的自我完善。

(3)理想也是衡量人格品质的重要标准。理想是人们世界观、

---

[1]　杨贤江.理想之势力[J].学生杂志,1916,6(6).

人生观的集中体现。但是由于人们的年龄、族群、阶层、文化和个人经历等不同，人们对自己未来的想象和希望是不同的，即理想的目标和要求不同，我们也不能据此评价个人理想的好坏优劣，譬如科学家与理发师、艺术家与小商贩的理想就无好坏优劣之分。但是理想作为对美好未来的想象和追求，它们体现在乐观、进取、友善、奉献等问题上的人生观态度和追求上，是存在着许多的相似性和可比性的。无论是科学家、艺术家，还是理发师、小商贩，他们都存在着是乐观还是悲观、是进取还是颓废、是奉献还是索取等方面的人生态度和目标，也正是这些人生观态度和追求存在着许多的相似性与可比性，使我们对人格的品质有了一定的评判标准。我们常常把乐观、进取、友善、奉献的人格称之为健康人格，把悲观、颓废、仇恨的人格称之为不健康人格，甚至是扭曲人格、病态人格等。对于这些不健康人格的纠正，最重要的手段就是理想教育，即必须从培养树立正确的人生观、世界观着手，并辅之恰当的行为纠正、心理矫正等手段。

3.1.2 青少年理想的特点与青少年人格

苏联著名作家、坚强的布尔什维克战士尼古拉·阿列克谢耶维奇·奥斯特洛夫斯基曾在《钢铁是怎样炼成的》中指出：生活赋予我们的一种巨大的和无限高贵的礼品，这就是青春，充满着力

量，充满着期待和志愿，充满着求知和斗争的志向，充满着希望和信心！青少年的理想色彩斑斓，青少年的理想正在走向成熟。青少年由于受年龄和身心发展水平的影响，他们的理想虽然存在着许多的差异，但是依据他们对未来人生目标的追求和期盼，我们可以将青少年的理想区分为社会政治理想、道德理想、职业理想和人生观这四个方面①。

1. 青少年的社会政治理想

社会政治理想是关于未来美好社会的蓝图和设想，其内容包括对未来社会的经济制度和政治制度的性质、特征的设想以及对未来社会面貌的预见等。社会政治理想是理想的核心，它指导和规定着道德理想和职业理想。现阶段我国人民的共同目标就是大力发展社会主义经济，提高人们的生活水平，把我国建设成为高度文明、高度民主的社会主义现代化国家。青少年的理想也应和这个大目标一致。

2. 青少年的道德理想

道德理想是一定社会、一定阶级的理想人格，是人们在道德生活中自觉模仿的榜样，这种榜样常常与特定的具体人物联系在一起。青少年选择最敬佩的人的范围相当广泛，已不像年

① 吴秋芬.当代中学生理想状况的调查分析[J].淮北煤师院学报（社会科学版），1997（2）.

幼时那样局限于生活中最亲近的人，而大多选择古今中外的名人，最多的是科学家、政治活动家；其次是历史人物、英雄人物、模范人物等。前者如爱因斯坦、居里夫人等，后者如岳飞、保尔、焦裕禄等。

3. 青少年的职业理想

青少年选择职业的范围比较广泛，涉及许多种行业，主要的有军人、教师、干部、经理、演员、律师、工程师、科技人员等。在青少年中，想成为知识分子的比例较大。青少年在选择职业时，男女性别间也存在着一定的差异。通常，男生倾向于选择当经理、军人、工程师，而女生选择当教师、会计、文学家的较多。

4. 青少年的人生观

人生观是指人们对人生的目的和意义的认识。一个人的理想总是和人生观相互渗透交织在一起的。青少年期正是理想和人生观确立的最重要阶段，它们的确立将对青少年的成长、甚至对他们的一生产生十分重大的影响，如为中华之崛起而读书的周恩来；为民族呐喊而弃医从文的鲁迅；去掉人傍不做官、去掉玉傍不爱钱，为科学真理奉献一生的我国著名化学家高士其等。

通过对以上青少年理想类型的分析我们发现，到青少年阶段，他们的理想已经基本脱离了超越现实的幻想，青少年的理想正越来越走向成熟。具体地说，主要表现出以下几个方面的

特点：

第一，青少年的理想目标趋向于明确，但有时也存在着脱离现实的现象。与儿童时期相比，儿童的理想常常插上幻想的翅膀，他们在自己幻想的目标中飞来飞去，而不管追逐的这些目标有无实现的可能。他们想上月球，想上火星，他们在模拟生活的游戏中，完成了自己的心愿，达到了自己的理想。而青少年的理想则更具现实性，并常常和青少年的兴趣爱好、知识范围、职业定向等密切相关。但是，由于他们自身的生活经历和知识背景的局限，他们虽然已经确立了一个明确而稳定的理想目标，已经放弃追求那些无法实现的目标。但是，他们对实现理想目标所需要的现实环境和条件，以及他们自身所具备的优势、实现这些理想目标所必须具备的手段等问题的认识仍然存在着模糊性，有时也存在着远离现实的现象。

第二，青少年的理想具有了一定的稳定性，但有时也存在着不坚定的现象。对于儿童来说，将来从事什么工作还是十分遥远的事情，而对于青少年来说，他们已经初步地认识到将来从事什么工作好像就是明天的事情，成为当前必须认真考虑的问题。他们不再受其他目标的诱惑而在众多的理想目标中摇摆，他们已经初步地选择了自己理想的目标，并为实现它做准备。但是，由于对实现理想目标所需要的环境、条件、手段和自身优势等因素的认识仍然存在着模糊性，因此，一旦在实现理想的过程中遇到某些困难和挫折，他们的理想就会动摇，意志薄弱的甚至会放弃。因此，青少年理想的稳定性是相对的。

第三，青少年的理想已经具备了强烈的社会责任感。儿童确立自己的理想多偏重于从自己的爱好、情趣出发，而青少年确立自己的理想则开始越来越多地考虑社会的需求和自己对社会的责任。当然，个人的爱好、情趣依然是确立自己理想的重要依据之一，但它已不能不和社会需求、社会责任发生密切的联系。正因为如此，儿童的理想比较肤浅，而青少年的理想比较深刻，具有更深的社会意义和社会价值。

青少年理想与青少年人格无论在内容上还是在目标和手段上都存在着密切的联系，全面而深刻地掌握青少年理想的类型与特点对青少年人格的成长具有十分重要的意义。一个人的理想，如果是为了人类和社会进步，为了大多数人的利益，那么就是高尚的、美好的理想。崇高的理想始终是保证青少年人格健康成长的重要因素。迄今为止，人类最美好、最崇高的理想就是共产主义理想。因此，青少年应该树立远大理想，愿意为人类的理想而奋斗。目前，我国还正处在社会主义初级阶段，我们必须把共产主义远大理想同现阶段的奋斗目标结合起来，把中国特色社会主义建设事业与自己的实际工作和学习结合起来，加强道德修养，锤

炼个人意志，反对各种形式的极端个人主义、拜金主义、享乐主义，反对"理想是软的，权力是硬的""理想理想，有利就想""前途前途，有钱就图"，培养健康人格，让自己的人格力量在建设中国特色社会主义各项事业中放光溢彩。

3.2 网络环境下青少年的虚拟理想

网络环境对青少年人格理想的影响不仅反映在网络资源和手段对青少年人生态度、价值取向的影响上，而且还反映在青少年网络虚拟理想与现实理想的互动、强化、抑制、改变等作用上。

3.2.1 网络环境下的青少年理想信念

所谓虚拟理想，就是现实生活中的主体在网络世界中所表现出的人生追求。它与人的现实理想一样，包括网络虚拟的社会政治理想、道德理想，以及网络虚拟的职业理想和网络虚拟的人生价值观等。虚拟理想与现实理想既有区别，又有联系。有时现实理想（积极的或消极的）在虚拟世界中会得到深化和加强，有时现实理想（积极的或消极的）在虚拟世界中会得到抵制或消融。

"虚拟和现实往往就是一线之间的事情，有些人活在现实中无法自拔，有些人在虚拟中乐此不疲，每个人都在虚拟和现实之间寻找着属于自己的理想和生活定义，然而能够游走在两者之间还能清醒认识自己的人，往往是最后脱颖而出的'胜利者'。"[①] 这是80后 IT 精英茅侃侃在接受上海第一财经《财富人生》栏目组访谈时，对自己在网络游戏领域中所获得的成功和成就所发的感慨。对于茅侃侃，百度词条中曾这样介绍："茅侃侃，1983年出生于北京。小学五年级开始玩电脑，14岁开始在《大众软件》等杂志发表数篇文章，并自行设计开发软件。在经过六份工作的摸爬滚打后，2004年正式创业，时任时代美兆数字科技有限公司首席架构师兼首席运营官。计算机和互联网以不容置疑的时代力量铺设了他年轻的人生轨迹。这个眉目间稚气未脱的财富新贵，带着80后时间符号，似乎一夜之间颠覆了传统。"[②]

毫无疑问，茅侃侃的个人经历及其成功经验并不具有普遍的代表性，但是他对虚拟理想与现实理想之间关系的见解毫无疑义具有重要的意义。他不仅深刻地阐述了虚拟理想与现实理想之间的差异，而且也深刻地阐述了虚拟理想与现实理想之间的联系，强调虚拟理想与现实理想之间的互相促进、互相影响。

青少年正处在人生成长的一个特殊的重要时期，青少年期

---

① 《财富人生》栏目组.财富人生系列：80后亿万富翁 [M].上海：上海人民出版社，2007：61.

② http://baike.so.com/doc/4328639.html.

是他们理想信念形成的一个重要时期。在现实世界中，他们已经脱离了儿童的稚气，有了比较独立的思考和主见，在学校的教育和社会交往中，初步地树立了自己的理想信念。但是，青少年接触社会毕竟有限，社会阅历较浅，他们对人生的体验和思考并不深刻，在主观精神世界虽然有强烈的求知欲望，积极探求科学真理，但也有不少人对马列主义的基本知识知之甚少，特别是运用马克思主义的基本立场、观点、方法分析实际问题的能力更为欠缺，不能牢固树立社会主义、共产主义的理想信念。理想信念在人的主观精神世界中居于核心地位，起着主导和统领的作用，所以，这方面的精神真空往往会导致青少年人格素质的片面性，影响他们较长的人生时间，甚至可能影响其一生。正如江泽民在1999年全国教育工作会议讲话中指出的：“如果轻视思想政治教育、历史知识教育和人格培养，那就会产生很大的片面性，而这种片面性往往会影响人的一生的轨迹。”①

　　然而，青少年又是网络时代的生力军。在网络虚拟的世界中，信息洪流良莠不齐，既有红色网站对马克思主义的宣传，也有敌对网站对马克思主义的诋毁，更有西方自由主义、极端个人主义、封建专制主义、消极颓废主义等的泛滥。由于青年的身心发展特点，他们特别容易接受新事物，但他们的是非判断能力、

----

① 江泽民.在第三次全国教育工作会议上的讲话[N].人民日报，1999-6-15.

价值取向等又尚未完全成熟，上述网络现象的存在，必然会对青少年的理想信念产生十分复杂的影响：他们有时能够认识到自己在现实生活中理想的优势或缺点和不足，他们会在虚拟理想中将优势不断强化，或者对缺点加以纠正，如相信真理、追求进步等；有时又在虚拟世界把现实理想中的错误强化、放大，如崇尚极端的民主、自由等；有些甚至将现实中所受误解和委屈加以逆反，如对专制暴力的崇尚、对消极颓废的模仿赞扬等。可见，正确认识网络信息条件下的虚拟理想的重要作用，对于我们加强青少年的理想信念教育有着十分重要的意义。加强青少年虚拟理想教育，我们要重视以下几个方面：

第一，必须充分运用网络资源，把互联网作为思想政治教育的信息库和宣传站，在网上宣传马列主义、毛泽东思想、中国特色社会主义理论体系，批判各种错误思潮，强化积极虚拟理想的正面作用，抵制和减少消极虚拟理想的负面作用，坚持用科学的理论教育和引导青少年，使他们树立崇高的理想信念。

第二，要认真利用网络环境，积极宣传真、善、美。青年人应有着"求真求实"的态度，去开辟网络这块新土壤，探索网络发展的客观规律，正确认识网上真实的思想行为。不发布虚假信息，不故意隐瞒真实的自我和欺骗对方，大胆揭批个别人虚伪的"假面孔"。青少年要有强烈的社会责任感。在网络，青少年要用美的心

态和美的形象与人交往，要为网络创造美的环境，包括美的信息、美的网页、美的动画、美的文字、美的声音、美的图案等，要禁止有害的黄毒信息，打击各种丑恶行为，净化网络空间。

第三，要重视社会实践，克服网络空间中青少年理想信念的虚幻性。青少年往往容易沉迷于网络虚拟空间，忽视现实生活世界的实践与规律，造成一系列心理疾患。在网络条件下，一方面，要在网上向青少年灌输投身社会实践的重要性，另一方面，要把这种网上教育与网下实践联动起来，促进网上实践教育与网下实践行为的有机互动，让青少年在社会实践中升华对共同理想的认识，自觉弘扬共同理想，以"四有"新人为目标不断提升自身的综合素质。

总之，随着网络对人们尤其是青年一代影响的逐渐加深，坚持把德育放在首位[①]，努力培育有理想、有道德、有文化、有纪律的"四有"新人，是中国特色社会主义事业取得成功的必不可少的条件，是现代思想政治教育的根本任务，也是网络环境中思想政治教育的重要内容。青少年思想政治教育工作者要善于运用网络资源，开展理想信念教育，利用网络的特点和优势，深化和拓展理想信念教育，使青少年树立崇高理想，培育"四有"新人。

----

① 许放，王民忠．高校学生思想政治教育理论与实践 [M]．北京：知识产权出版社，2004：128．

3.2.2 网络环境下的青少年人生态度

人生态度，是人们通过生活实践所形成的关于人生问题的一种稳定的心理倾向和看法。任何人在人生实践中，都会遇到成败得失、义利荣辱、苦乐善恶等人生矛盾，因而也就会形成各自不同的人生态度。但是，作为特定心理倾向的人生态度，因其自身的性质和作用的不同，我们可以将它们区分为积极正确的人生态度和错误消极的人生态度两大基本类型。积极的人生态度往往使人们能积极乐观地对待学习、工作和生活，实现人生的最大目标；错误的人生态度则相反，它要么使人们意志消沉，丧失目标，要么错误地对待自己，错误地对待他人和社会，最后丧失奋斗的价值和意义。

人生态度是人生观的重要组成部分。一个人对人生的态度和看法，通常会直接影响到他对整个世界和人生的看法，影响他人生理想目标的确立。如以积极的人生态度对待生活，以及个人的事业、友谊、爱情等重大人生课题，也就一定能正确地处理苦乐、得失、生死、善恶、荣辱等主要人生矛盾，也就必然会选择对自己、对他人、对社会都有重要意义的人生道路，最终形成正确的人生理想。而那些在现实生活中或自以为是、唯我独尊，或妄自菲薄、意志消沉、为物欲所累、为权力和金钱所俘，或苟且偷生、爱慕虚荣、颠倒是非、以辱为荣等人生态度，必然也反映

在他们的人生理想上，要么目标错乱，要么丧失理想，最终导致人生的失败和人生价值的丧失。

人生态度的形成又是一个动态的过程。人生态度的形成和变化总是与一定社会环境相联系的，并随个人的阅历、文化教养和心理因素等变化而变化。青少年是人生成长中的关键时期，他们生活阅历少却渴望了解社会，他们人际交往有限但更希望能被他人理解，他们善于接受新事物、新知识，但人生理想、人生目标并不十分牢固。然而，这些看似矛盾的现实和要求又很难在身边的现实世界中得到充分的满足，但是虚拟、多元、开放的网络世界却给了他们一片广袤的天地。于是他们就在网络虚拟的世界中，以虚拟的身份大胆地与各种虚拟形象交往，表达各种不受拘束的人生看法，并以网络中所获得的虚拟人生态度不断地冲击和糅合自己的现实人生理想，这也使得他们的人生态度以一种成分复杂、内容开放、形态多变的特征表现出来。这主要就是：从积极的方面看，青少年的虚拟人生态度在虚拟网络中的榜样人物和科学理论的影响在一定范围内、一定程度上可以弥补他们人生阅历的不足，可以丰富他们的文化知识，开阔他们的思想视野，从而对帮助他们形成积极、乐观、进取的现实人生态度，产生重要的促进作用。如中南大学、北京大学、南开大学、西北工业大学等开设了专门的青少年德育网站。网站坚持用积极、健康的社会主义思想文化去占领网络阵地，弘扬时代主旋律。有些网站用亲切的服务意识，贴近青少年的学习和生活，做他们的良师益友。有些网站还以丰富的资源、生动的形象、灵活的宣传等吸引青少年、感化青少年，帮助青少年树立正确的现实人生态度。

从消极的方面看，互联网上传播的那些消极信息和在这些消极信息影响下形成的青少年虚拟人生态度可能会对青少年现实人生态度中的积极因素产生强烈的冲撞，对青少年现实人生态度中的消极因素加以强化，最终不利于形成青少年健康、积极的人生态度。譬如，一些不健康的网站则常常将一些有用的信息与反动的、暴力的、黄色的等不良信息混杂在一起，使一些低级、庸俗、反动的信息畅通无阻，造成严重的信息污染。网络上这些"垃圾"信息的泛滥，对于辨别力不强，人生观、价值观正处在形成过程中的青少年产生的负面影响是不可低估的。如认为人生无意义而"看破红尘"，对人生和社会悲观失望，得过且过，无所追求；学业上不思进取，高呼"60分万岁"；生活上松散疲沓，放任自流，既无时间观念又无纪律观念；人际关系上"天马行空"，独来独往，既感叹人情淡漠又对别人一副铁石心肠；也有生活上追求享乐，一切事物以看能否给自己带来享乐和实惠为标准，有则趋之，无则避之，一些网络流行语就是这种消极人生态度的最好写照，如"牺牲一家人，幸福我一个""穿的是名牌，用的是品牌，

吃的是牛排(西餐)，看的是脸盘儿，学习挂'红牌'"等；有的狂妄自大，自我意识膨胀，虚荣心极强，唯我独尊，狂妄自负，爱出风头，嫉贤妒能，视他人为"阿斗"、垫脚石，他们不屑于把理论与实践相结合，更不屑于与工农相结合；还有一些人盲目地批判一切、怀疑一切。持这种人生态度的人，戴着有色眼镜看待一切，对谁都不满意，自认为别人欠了自己，社会对自己不公，总是挑别人的'刺'，攻击社会的'瑕疵'，终日牢骚满腹，怨天尤人。

总之，人生从来就不是一帆风顺的，只有那些积极乐观的人生态度和革命的乐观主义精神，才能引导人们不论遇到任何艰难险阻，都不会丧失前进的斗志和必胜的信心，不论碰到什么风云变幻，都不会迷失方向、止步不前。青少年期是一个人人生态度形成的重要时期。只有重视和培养青少年积极的人生态度，才能使他们在人生的旅途中，既看到道路曲折的一面，又看到前途光明的一面，做到胜不骄、败不馁，不屈不挠地走好自己的人生之路。

3.3　青少年网络人格中的精神飘离及救赎

理想缺失和精神飘离是当代青少年理想教育中存在着的一个比较突出的问题。所谓的"垮掉的一代""富二代""官二代"等许多不同称谓，都反映了当今少数青少年中所存在的理想缺失现象，而互联网环境对青少年的理想所产生的影响则更为复杂。正确开发和利用互联网资源，培育青少年的健康网络人格，不仅可以有效地预防和纠正青少年人格中的理想缺失和精神飘离，积极发挥青少年网络人格动力结构中理想力的正确导向作用，而且也可以促进青少年现实人格的进一步发展和完善。

3.3.1　青少年网络人格中精神飘离的现象

理想是人类的家园，理想是人格的灵魂。由于青少年网络人格动力结构是一个由青少年虚拟自我中的理想力、道德力、智慧力、行为力、情感力、兴趣力、意志力等要素构成的完整体系，因此，青少年网络人格动力结构中理想的缺失，必然会导致青少年网络人格动力结构的失衡。其道德、智慧、行为、情感等就会失去目标和方向，他们的精神世界就会因失去灵魂而找不到归宿。由此，我们也把这种因理想缺失而出现的精神游离状态称为青少年网络人格飘离。青少年网络人格中的精神飘离现象的出现，不仅影响了青少年网络人格动力结构的完整性，而且也对青少年现实人格的完善产生了十分不利的影响。

青少年网络人格的精神飘离，首先表现为青少年在网络生活中政治理想的缺失。在互联网条件下，开放多元信息内容使传统教育的权威受到严重挑战。每个网站都具有不同的文化背景，有

不同的价值理念与政治倾向，各种意识形态不同的文化形态、政治观点、宗教观念等互相碰撞、冲突。特别是在西方资本主义国家利用它们的技术优势，把资本主义意识形态侵略包裹上普世价值和人权高于主权的外衣，通过网络平台对我国政治制度采取不择手段的污毁和攻击，对我们的道德文化、价值观念等进行渗透侵入。在西方资本主义文化和意识形态的进攻面前，最容易受到侵蚀的就是那些辨别能力差、心智未成熟、可塑性强、好新奇、图怪异、求刺激的青少年。在这些网络攻击的影响下，部分青少年对国家的前途和民族的命运漠不关心，有的甚至言必称西方，盲目崇拜资本主义政治、经济和社会制度，放弃马克思主义立场，动摇共产主义理想信念，怀疑社会主义制度，最终导致爱国主义观念淡薄，丧失应有的政治立场，政治观念淡化。

青少年网络人格的精神飘离，还表现为青少年网络活动中价值追求的失衡。一般地，那些对虚拟网络依赖上瘾的青少年，都不同程度地在现实生活中存在一些人际交往的障碍。他们终日沉溺于虚拟空间自我放纵，在现实生活中又常常离群索居出现新的精神空虚。尤其是那些比较严重的网络依赖者，每天长达几小时、甚至整日坐在电脑前，导致出现"信息污染综合征""网上失衡症"等网络疾病，以冷漠的态度对待真实社会，人生价值失常。还有一些网站，它们为了增加自己的点击率，常常将一些迎合人们阴暗心理和低级趣味的网络内容（如色情、暴力、欺诈等网络内容），赤裸裸地在网站上兜售。有些网络参与者在网上制造传播病毒，实施网络诈骗，公开或秘密地进行网络赌博等。这些网络道德的虚化和失范不仅腐蚀了青少年的灵魂，而且对青少年现实生活中良好道德品质的形成也产生了强大的冲击，使青少年网络活动中的价值取向出现偏离，最终导致价值追求的失衡。

青少年网络人格的精神飘离，也表现为青少年网络行为与现实行为分离，并最终导致青少年现实生活中的心理素质脆弱，影响青少年心理健康。从心理学的角度看，那些沉溺于网络的青少年一旦被虚拟世界吸引，就常常会表现出在网上想入非非，一心只按照自己心目中的理想角色去装扮自己，在虚拟世界里目空一切、纵横驰骋，俨然一个超群绝世的盖世"英雄"。但是，他们一旦离开网络而回到具体的现实生活中，所面临的要么是平淡的工作，要么是繁重的学业，要么是复杂的人际交往……这些与无拘无束的虚拟世界相比，仿佛从天上掉到地上，到处都充满着现实生活中的挫折和失落。他们渴望被别人注意，却未能引起他人的关注；碰到困难和阻力，不能及时调节自己的心态；上级或老师、父母的劝导常常让他们感到厌烦，与同事、同学和朋友的交谈却常常让他们产生一些莫名的自卑感和怨恨，情绪容易波动，心理素质脆弱。

总之，青少年网络人格的精神飘离不仅体现了青少年网络人格的缺失，而且严重地影响青少年的现实人格，并对他们的心理健康产生非常突出的消极作用。

3.3.2　青少年网络人格中精神飘离的危害

青少年网络人格与青少年现实人格是个非常奇特的平衡统一体。青少年网络人格体现的是一种虚拟心理趋向，青少年现实人格体现的是一种现实的心理趋向，它们之间存在着明显的差异与对立，也存在着互相包含与统一，你中有我，我中有你，互相牵制，互相促进，共同地统一在青少年人格系统中。但是，一旦它们之间的这种平衡被打破，青少年的人格系统就会出现严重的偏差或倾斜，对青少年的成长产生十分重要的影响。青少年网络人格的精神飘离，体现了青少年网络人格动力结构的缺失，它打破了青少年人格动力结构系统的平衡，不仅对青少年的现实人格会产生十分严重的消极影响，而且也必将对青少年的健康成长产生非常突出的负面作用。

第一，青少年网络人格中的精神飘离，影响青少年树立正确的世界观、人生观、价值观。青少年因虚拟理想的缺失，在虚拟世界中对各种理论和社会思潮的认识缺乏辨别力，尤其是对资产阶级自由主义、个人利己主义的危害认识不够深刻，政治观念淡薄，价值追求失衡，必然会导致他们思想认识的矛盾、混乱，容易滋生崇洋媚外、全盘西化、享受主义、拜金主义等不良思想倾向，从而极易使其人生观、价值观发生倾斜。

第二，青少年网络人格中的精神飘离，将引起青少年网络人格动力结构的偏差，加剧青少年网络人格与现实人格的分离。青少年网络人格动力结构是理想力、道德力、智慧力、行为力、情感力、兴趣力、意志力等要素的统一，它们是一个互相作用、互相影响的完整统一体。其中任何一个要素的缺失不仅会影响整个系统功能的发挥，而且还将对内部其他要素产生非常重要的影响。由于理想在青少年网络人格中的灵魂和核心地位，它的缺失，会使其道德因自律、他律的目标丧失，而失去其应有的约束力；会使其行为因奋斗方向的模糊而变得盲目、无序和丧失意义；会使其情感因理想的缺失而变得低级、粗俗，等等。总之，青少年网络人格动力结构中理想力量的缺失，不仅会使青少年迷失人生奋斗的方向，而且还会导致青少年的道德失范，不利于培育青少年健康高尚的情感兴趣，还会使青少年意志薄弱消沉，失去人生奋斗的动力。

第三，青少年网络人格中的精神飘离，不仅会引起青少年网络行为与现实行为的分离，而且还可能导致青少年网络行为越轨、甚至犯罪。在隐蔽的虚拟世界中，不仅到处充斥着色情、暴

力、诈骗，有些人还利用非法网站，使用虚假身份进行恶意交友、聊天。面对这些网络不良现象，有些青少年由于青少年网络人格动力结构中理想力的缺失和意志力的薄弱，很难自觉抵制这些诱惑，有的甚至参与其中，在网络传播病毒，充当黑客，入侵机关、企业网站，盗窃银行卡、信用卡密码，实施经济犯罪等违法犯罪行为。有些青少年虽然动机单纯，但法制观念薄弱，在一些他们整日"好玩""过瘾""显示才华"的网络活动中，不知不觉地走上了犯罪的道路。

3.3.3　青少年网络人格中精神飘离的救赎

青少年网络人格中的精神飘离，不仅是青少年自身成长中一个突出的个人问题，而且由于网络传播的广泛性和网络生活的隐匿、开放性，青少年网络人格中的理想缺失已经变成一个十分重要的社会问题。因此，克服青少年网络人格中的理想缺失，救赎青少年网络人格中的精神飘离，也需要开展一个全社会都来关注青少年成长的社会系统工程。

第一，要牢牢抓住"政治思想"是"统帅"、是"灵魂"这一主线，充分运用心理学、思想政治教育学、网络思想政治教育学的相关理论与方法，强化青少年的政治理想教育。要更新思想政治教育观念，适应信息时代发展的要求，大力开展青少年网络思想政治教育，创新网络思想政治教育研究方法。要重视网上思想政治教育工作阵地的建设，强化对青少年的教育引导，通过占领网上思想文化阵地，以活泼多样的形式积极开展各种社会实践活动，加强青少年工作者与青少年之间、青少年与青少年之间、青少年与社会之间的交往互动；加深青少年对国情、社情和民情的认识，提高青少年的社会责任感，鼓励和帮助他们成为对社会有用的人才。对那些利用网络技术和资源，在青少年中散播错误言论、攻击社会主义制度、污毁政府形象的违法犯罪分子，必须进行坚决的打击。如公安部门对网络红人"秦火火"的查处、对湖南湘潭以周某为首的网络水军犯罪组织的取缔等。

新华社长沙8月27日电（记者谭畅）　湖南省湘潭市公安局27日下午向记者通报，该局日前成功破获周某等人以非法营利为目的，利用"网络水军"在互联网上为他人恶意炒作、误导公众意识、影响网络公共秩序的有组织网络犯罪专案，抓获犯罪嫌疑人4人。

湘潭市公安局刑侦支队副支队长周岚介绍，自2012年9月以来，周某等4人形成相对稳定的团队，通过合伙或单独建立"艾达网络水军""360水军""54水军""信达网络传媒"等水军网站，承揽发、顶帖业务。在客户提出炒作要求后根据炒作内容的风险程度、发帖数、回帖数、点击量、持续火爆

时间长短等因素为客户提供价格不同的炒作方案。客户预付部分资金后，周某、谭某等人通过水军QQ群发包或者自己在天涯、猫扑、百度等各大论坛、社区、微博、博客上注册多个账号大量发布曝光帖、维权帖和炒作文章，大量进行顶帖、灌水等以引导社会舆论关注。达到客户满意的效果后，客户再支付余款。周某等4人发起攻击炒作事件125起，非法获利48万余元。

据了解，周某、谭某等人还建立了一定数量的水军QQ群，QQ群中有专人负责发帖、回帖，还有人负责去门户网站发新闻稿以及进行微博转发、直发。水军人员构成既有全职网络枪手，也有公司职员或家庭主妇。周某等人承接了炒作业务后会通过发包的形式给QQ群中水军成员相应指令，然后根据炒作效果支付一定的报酬。

目前，湘潭公安以涉嫌非法经营罪对4名犯罪嫌疑人刑事拘留。犯罪嫌疑人对相关犯罪事实供认不讳。[①]

第二，要积极开展青少年德育网络平台建设，开辟更好更多的青少年德育网站、网页，用社会主义思想主动占领网络文化阵地，弘扬时代的主旋律。要增强服务意识，遵循青少年思想政治

---

① http://hunan.ifeng.com/news/fghx/detail_2013_08/28/1155122_0.shtml.

教育规律，尊重青少年个人成长规律，关心青少年的工作、学习和生活，关注青少年的思想和人格成长，改变过去枯燥呆板灌输式的传统思想政治教育模式，以生动形象的形式吸引青少年，为青少年创设进步、文明、健康、高尚的网络环境，满足青少年正常的精神需求。如由中南大学创办的马列网，里面设有经典原著、马列研究、时政热点、思政战线等栏目。它既是学生马列主义学习研究会的园地，又是学校进行马克思主义理论与思想政治教育的辅助教学基地。[①]

第三，要切实加强网络文化建设，培养文明、规范的青少年网络行为。广泛开展《青少年网络文明公约》宣传，积极引导青少年遵守网络道德，教育青少年要善于网上学习，注意网络文明用语，诚实友好交流，维护网络安全，不浏览不良信息，不侮辱欺诈他人，不破坏网络秩序，不沉溺虚拟空间，努力创造干净、健康、文明、有序的网络环境。同时也要重视家庭教育在青少年网络思想政治教育中的特殊作用，加强家长对子女网上活动的监督，积极引导青少年健康成长。

第四，在管理手段上要建立一个从政府到社会，到学校，再

---

① 曾长秋，薄明华.网络德育学 [M].长沙：湖南科学技术出版社，2005：200.

到家庭的网络德育保障体系，建立"起点前移、重心下移"[①] 的工作机制，培养高素质的网络德育队伍。随着网络时代的到来，网络思想政治教育工作者不仅仅是知识的传播者、指导者，还应与青少年一起适应新的观念，新的技术和手段，建成一支既具有较高政治理论水平、又掌握现代信息技术、熟悉青少年德育工作规律的队伍，坚持以人为本，更新观念，指导青少年充分利用有益信息，自觉抵制有害信息。

....

[①] 许放，王民忠.高校学生思想政治教育理论与实践 [M].北京：知识产权出版社，2004：223.

第4章　青少年网络人格动力结构中的道德力

　　青少年网络人格中的道德力主要是指网络道德对青少年道德认识、道德行为、道德评价的影响作用。道德力量在人格构成中具有重要的地位。道德人格作为人的精神生活的凝练与提升，在精神文明中具有标志性意义。"精神文明在某种意义上说就是一种道德文明，它是中国先进文化建设的重要内容。"[1] 因此，探究青少年网络道德，分析青少年网络人格动力结构中道德力的作用影响，对于规范青少年的网络行为、克服青少年网络道德失范、培育青少年健康网络人格，具有重要的理论和实践意义。

① 顾海良. 从十四大到十六大：马克思主义在当代中国的新发展 [M]. 北京：高等教育出版社，2004：325.

4.1 道德与青少年的人格品质

道德水平的状况反映一个人的人格品质。开展卓有成效的青少年思想政治教育必须要重视青少年的人格教育，重视青少年人格系统中的道德因素。

4.1.1 道德与人格

道德是社会为了调整人们之间、个人与社会之间的关系所提倡的行为规范的总和。道德与法律等其他行为规范相比较，不具备强制力量。道德主要是依靠宣传教育、传统习俗、社会舆论和人们的内心信念等影响人们的行为，发挥社会功能。

道德的功能主要是通过道德的认识、道德的评价以及道德行为的调节和道德的服务作用等来实现的。

(1) 道德的认识功能。道德认识是指对道德现象、道德关系、道德原则和规范的认识，包括道德经验的积累、道德价值概念的形成、道德理论知识的学习、道德判断力的提高等。在现实社会中，道德能帮助人们认识个人与社会、个人与他人以及个人与自然之间的关系，即告诉人们哪些行为是道德的、哪些行为是不道德的。因此，从这个意义上说，道德的认识功能就是立足于解决一个"知"的问题。道德认识能够为人们认识和改造社会、认识自

我和创造人生提供指南，从而正确地选择自己的行为和生活道路。

(2)道德的评价功能。道德评价是指依据一定社会或阶级的道德标准对他人和自己的行为进行善恶、荣辱、正当或不正当等道德价值的评论和断定。通过赞扬、褒奖或批评、谴责，激励人们扬善弃恶。"道德作为意识形态的一种形式，也是特定经济基础的反映。但这种反映并不是人们的现实行为，而是要超越这种存在而进入到可能的世界，把人的现实行为置于理想的行为标准之下予以评价从而达到规范人们行为关系的目的。"[①]道德评价可以培养人们良好的道德意识、道德品质和道德行为，从而树立正确的义务、荣誉、正义和幸福等观念。

(3)道德行为的调节功能。道德行为是在一定的道德意识支配下表现出来的对待他人和社会的有道德意义的活动。道德行为可区分为道德的行为(或称为善行)和不道德行为(或称为恶行)两种基本类型。个人的道德行为反映个人的道德品质状况，全体社会成员或绝大多数社会成员所共有的道德行为反映整个社会的道德风尚。道德行为的调节功能主要是立足于解决一个"行"的问题。人们在日常生活中，总要与自己的周围发生这样或那样的关系和联系，总会不可避免地要产生这样或那样的矛盾。在非对抗性的

① 肖前.马克思主义哲学原理（上册）[M].北京：中国人民大学出版社，1994：372.

矛盾范围内，道德就能发挥很好的调节功能，即通过社会舆论、风俗习惯、内心信念等特有形式，以自己的善恶标准去调节个人与家庭成员之间、个人与朋友之间、个人与领导之间、个人与集团之间乃至与国家之间的关系。

(4)道德的服务功能主要是解决一个"用"的问题。道德由一定社会的经济基础所决定并为一定的经济基础服务。在不同时代、不同阶级中有着不同的道德观念标准。但是，在一定社会物质生活条件基础上产生的道德，也会反过来为产生它的社会经济关系服务。任何时代、任何阶级的道德，都会用自己的标准评价一定的社会经济关系和社会经济状况的合理性，去批判和否定那些不符合自己标准的道德体系，批判和否定那些危害自己社会关系的思想和行为等。

道德功能的发挥总是与人的道德品质相联系的。道德品质除了上面所论述的道德认识、道德行为、道德评价外，道德情感也是构成个人道德品质的重要内容。所谓道德情感就是指人们根据自己所掌握的道德规范对社会现象的真假、美丑、善恶表现出的喜怒、哀乐、爱憎、好恶的情绪情感体验。按其内容可分为公正感、责任感、义务感、自尊感、羞耻感、友谊感、荣誉感、集体主义情感，爱国主义情感等。按其形式可分为直觉的道德感、形象性的道德感和伦理性的道德感等。总之，道德品质是道德认

识、道德行为、道德情感和道德评价等各因素的有机统一，良好的道德品质不仅能促进个人的健康成长，而且对社会也是一笔重要的财富，可以起到良好的社会示范作用。

道德品质与人格品质也是密不可分的。在个人人格构成体系中，人们的理想、行为、情感、意志、兴趣、智慧都要受到道德因素的影响。道德认识直接构成了个人理想的重要内容，只有以健康的道德认识行为指引的个人理想，才是符合社会发展方向、能促进个人成长的；道德行为制约着个人现实行为的选择，人们在选择自己的行为前首先需要越过的就是依靠自己的内心信念把控的道德闸门；道德评价是人们心灵善恶的审判官，没有了这个审判官我们的理想就会迷失方向，我们的行为就会陷于一片不辨真假、美丑、善恶的混沌之中；道德情感指示着个人各种情绪情感的发展方向，每个人都有自己不同的喜怒、哀乐、爱憎、好恶等，但是只有道德情感才能明确地告诉我们哪些才是带来荣誉、快乐、幸福的情感等。总之，个人的道德品质制约着个人的人格品质，道德与人格密不可分。

4.1.2　青少年道德的特点与青少年人格

青少年正处在人生的成长过程中，其道德观念的形成与发展也处在一种从变动向趋于稳定的状态转变中，其中传统道德观念和现代社会主导价值观念的冲突等呈现出相对复杂的局面。具体地说主要表现在如下几个方面：

首先，在道德认识问题上，多数青少年积极认可道德的作用和功能，他们把道德看成人人为之的根本要求和促进社会发展的积极手段。因此在实际生活中，他们能从自己的长辈、老师的道德实践中体悟道德行为的意义，能从社会舆论的要求中认识到道德的价值，并对这些道德行为加以模仿，如尊重长辈、重视友谊、强调个人成功、金钱观念客观理性等。但是，由于他们自身经历和道德实践的局限，他们的道德认识也存在着不成熟、不稳定的现象。如忽视传统道德的现代价值，忽视社会伦理中的普遍性意义，过多关注人际伦理中的个人因素，过分强调个人境遇的道德影响，容易受眼前现实物质利益的诱惑等。这些都使得青少年道德意志摇摆不定，道德观念模糊。

其次，在道德评价问题上，青少年在受教育过程及自己的生活实践中，已获得了一定的道德经验，掌握了某些一般的道德准则，基本能对自己和他人的行为进行善、恶、美、丑等道德判断，而且这种判断与成年人相比，由于受更少的外在因素的干扰，其评价标准更纯粹、更直观。但是，另一方面，由于受他们自身阅历和道德认识水平的局限，青少年的道德评价也存在着标准模糊、评价片面、不分主次、不能具体问题具体分析的问题，

有时甚至容易产生道德评价的两极化等[①]。比如对雷锋等英雄人物与歌星影星的道德评价、对拾金不昧与见义勇为社会价值的评价等。前些年社会上流行的"我爸是李刚""炫富郭美美"等现象，就反映了青少年道德评价标准的混乱和青少年道德评价教育中存在的一些问题。

再次，在道德情感方面，青少年在运用一定的道德标准评价自己和他人的行为时会产生一些荣誉、尊敬等肯定性情感和蔑视、痛苦、内疚等否定性情感。其中青少年的爱国主义情感、集体主义情感、荣誉感、友谊感、同情感等已经达到较高的水平。青少年的道德情感一般都是以积极正确的情感为主，并且在运用道德标准评价自身或他人行为时已形成了较稳定的反应或体验倾向。相比之下，带有否定性倾向的一些道德情感，如内疚感、责任感等则发展不够。但是随着青少年年龄的逐步增长，这些方面的积极情感也会得到较快的发展。当然，由于青少年自身的个体差异，如智力、环境、教育等方面的差异，他们的道德情感发展也存在着许多的差异和不平衡性，这也是我们要重视青少年道德情感教育的重要依据。

最后，从道德行为来看，一般地，青少年阶段已经具备了较强的道德行为自我约束和控制能力。如青少年已开始比较注重

---

① 谢千秋.青少年道德评价能力的一些研究 [J].心理学报，1964（3）.

个人形象，自觉遵守社会公德，尊敬老师长辈，友爱同学、朋友等。但是，由于受他们自身的道德经验和道德认识、道德评价、道德情感等因素的影响，他们的道德行为的主体性还不够突出，往往会呈现出较强的依附性和可塑性等特点，如"别人怎么样我也怎么样""有人监督与无人监督不一样""对待表扬与对待批评不一样""一事认真与事事认真不一样"等。

如前所述，道德的品质影响着人格的品质，虽然青少年的道德品质总体上是乐观、积极进取、向上的，但青少年在道德认识上存在着不成熟、在道德情感上存在着不稳定、在道德评价上存在着片面性、在道德行为上还具有可塑性等。因此，青少年人格也必然受到他们道德方面的双重性影响，呈现出不稳定、不成熟的过渡性特征。所以，加强青少年人格教育、塑造青少年健康人格，就必须更加重视青少年的道德教育。

4.2　互联网环境下青少年的网络道德

青少年网络道德不仅反映了他们在网络世界中对待善与恶的生活态度，而且也会影响青少年的网络行为选择和价值取向等，并对他们现实生活中的道德发展产生重要影响。因此，研究青少年网络人格必须高度重视青少年网络道德。

4.2.1 互联网环境下的青少年道德认识

网络道德是指人们在互联网环境下与他人进行网际交流时应遵循的行为规范的总和。由于现今网络立法的相对薄弱和缺失，人们大量的网络行为主要依靠自己的内心信念去进行道德的认识和道德的评价，因此，人们的大多网络行为都属于网络道德的范畴。但是，也正是由于网络立法的缺失，使得现实生活中道德观念还处在成长过程中的青少年对其网络行为的道德判断产生困惑与矛盾，从而影响青少年的网络道德认识。这主要表现在：

第一，与现实生活中的道德认识相比较，网络道德本身具有独特复杂性，容易干扰青少年网络交往中对他人网络道德行为的判断，使青少年的网络道德的内容认识具有不确定性。青少年在网络交往中，往往是以一种虚假的、虚拟的或构造的身份参与对话和聊天，是以一种游戏的态度来对待自己和别人，现实道德中的忠诚、守信变得捉摸不定，现实生活中的友谊、快乐让人产生了疑虑，他们对网络上很多美好的事情都只能抱着似信非信的态度，在交往中时常对别人产生不信任感，"假作真时真亦假，真作假时假亦真"。网络交往者主体身份的虚拟性，干扰了青少年的网络道德认识。

第二，在青少年的网络交往中，真假莫辨、良莠难分的网络信息，也容易导致他们对网络道德功能认识的虚化，如网络中的

"人肉搜索"所涉及的隐私侵权、对一些虚假网络消息跟帖、灌水以及网络人身攻击等。这些网络行为如果放在现实道德中去判断，显然是恶的，是不道德的。但是在无界域的互联网世界中，它们却到处充斥着，时时涌现。而无论是现实生活中还是网络生活中，人们对于这些虚假信息的制造者、发布者都缺少必要的法律约束和道德约束，这样就必然导致青少年对网络道德约束功能的认识产生被虚空化的感觉，最终影响青少年网络道德观念的形成。

第三，青少年在网络交往中，人际关系被"人机"关系取代，人际关系疏远冷漠，使得青少年对网络道德意义的认识淡化。道德是人类所特有的一种行为规范。在现实生活中人们产生的行为选择总是要面对传统习俗和巨大的舆论压力，这种选择不仅源于自身觉醒的道德需要，而且也是发自内心、自觉自愿的选择，因此对道德意义的认识就会得到强化。但是，在互联网时代，人与人之间的依赖关系表面上已经变成了人与网络之间的依赖关系，而且在网络上人的情感表达总是通过一些数字化的程序来展现，如网络语言中的括号笑脸，即:(符号，喜悦和痛苦的数字表达，即241、555等。这些情绪或情感表达，生硬冷漠，无法代替现实生活中的拥抱、打闹等情感交流。这样就必然使渴望交流、渴望理解的青少年产生道德情感的缺失和冷漠的感觉，从而也必然会动摇他们对网络道德意义的认识。

当然，从网络交往发展的趋势看，青少年网络道德认识的发展也存在着许多的积极因素。如在网络社会，随着青少年交往面的急剧扩大，他们的交往层次增多，交往内容日益丰富，交往方式多样化，这也必定会带来青少年网络道德关系内容的日益丰富。特别是青少年在网络生活中的交互式参与，使其行为发生了从被动到互动、从依赖到自主的转化。这有利于提高青少年的自我责任感，从而促进青少年道德意识的自我觉悟。现代信息技术的发展对提高青少年的文化知识水平、素质与能力，发挥了极其重要的推动作用。这也进一步促进青少年的民主意识、道德需要和价值要求的觉醒，从而也将提高青少年的网络道德认识能力。

又如网络的发展，打破了生产者与消费者之间的界限，人们在消费的同时，也可能是在生产。如人们在欣赏艺术品的同时，也可根据自身的兴趣，创作新的艺术作品。而青少年在创造性思维和对艺术生活的追求上具有更为突出的优势，他们更容易直接成为艺术作品的生产者。特别是在网络中，由于人的形象、身份、特征等的"数字化"，一切好像进入一个无迹可寻的汪洋世界，人似乎摆脱了现实社会的种种羁绊，"减负"之后的人们更能准确地判断自我的道德需要，也就更能以一种自主自觉自愿的态度去面对社会、面对生活，从而使自身的道德主体地位得到确立，"自己对自己负责""自己为自己做主"，这样也就更能加深青少年对网络道德意义的认识。

总之，网络社会对人们道德认识的影响是复杂的。在今天，网络社会仍然还是一个正处在开始发育中的虚拟社会，人们的网络行为不规范，网络道德未成型，我们对网络道德的正确认识还有漫长的道路要走。尽管我们的青少年已经成为现代网络生活中的主力军和生力军，但是，他们在现实生活中的道德认识能力还尚未发展完善，所以青少年网络人格中的道德认识也必然存在着许多的不确定性。

4.2.2 互联网环境下的青少年道德行为

如果说道德行为是指人们在一定的道德意识支配下表现出来的对待他人和社会的有道德意义的活动，那么青少年的网络道德行为，即指青少年在网络生活中所表现出来的、可用善恶等道德标准来衡量其道德意义的青少年网络活动。受青少年网络道德认识复杂性的影响，青少年的网络道德行为也有其复杂性。但是，如果根据青少年网上活动最主要的内容来划分，我们对青少年网络道德行为类型可以做如下几个方面的划分：

第一，青少年人际交往中的网络道德行为。互联网技术扩展了青少年的人际交往空间，增添了青少年的人际交往手段，丰富了青少年人际交往的内容等。我国青少年最常见的网络人际交往

平台有 QQ 交友群、QQ 空间、微博粉丝、微信、BBS 讨论社区、网络游戏等。在这里，人们可以超越年龄、性别、婚姻状况、学习或工作经历、学历或文化知识背景等屏障，都敞开心思，寻找自己的知心朋友，讨论自己感兴趣的问题。它真正体现了网民之间的地位平等、人格平等。在互联网上的游戏社区或 BBS 社区，我们是不需要知道老师或学生、父亲或儿子、领导或部下的身份的，一般情况下也无法知道对方的真实身份。在这里，也许差生展示了他可爱、真诚的一面，获得了老师、家长或领导的赞扬和鼓励，优生也可能暴露自己的苦恼、困惑、甚至自己的阴暗面。互联网可以让青少年人际交往中的平等、真诚、友谊、爱情等伦理问题得到强化。但是，也正是由于这种互联网的开放、隐匿性，使得有些青少年在网络上不遵循现实人际交往中的基本伦理，如语言粗暴，恶意谩骂，污毁或攻击他人人格，这样就会伤害青少年网络人际交往中的平等、真诚、友谊、爱情等伦理道德，有的甚至出现网络犯罪等现象。

第二，青少年网上学习中的道德行为。互联网是迄今为止规模最大、操作最便捷、管理最开放、知识量最丰富的人类知识传播平台。在这里，青少年几乎能找到他们书本上绝大部分问题的答案，而且互联网提供的这个平台还可以实现青少年学习过程中的互动。如可以通过互联网对某个知识点的查阅学习，并参与讨论，发表学习心得感言，提出疑问或新的看法等。在这里勤学好问、热爱知识、追求真理等许多良好的学习美德都可以得到最大限度的发挥。但是，由于互联网的开放性，网络上的知识也是鱼龙混杂，一些错误的知识、伪科学的迷信，一些不利于青少年成长的消极腐朽的东西、甚至是反动的东西也在网上流行。这导致在青少年利用互联网学习的过程中，诸如对知识的猎奇、盲从，对学习的敷衍、抄写作业、剽窃他人学习成果等一些有违学习道德的行为也经常发生。

第三，青少年网上娱乐中的道德行为。网络游戏已经使青少年的娱乐方式发生了某些具有颠覆意义的改变。如在一款叫作"足球经理"的网络游戏中，人们可以通过"跨越"等手段，代替马拉多纳参加世界杯。同样，在篮球游戏中，人们可以通过软件"冒名顶替"科比参加NBA。这种跨越，增加了人们游戏中的乐趣，游戏的娱乐功能得到了加强，游戏者之间的友谊、合作得到了强化。有些游戏还具有重要的益智功能，如《大航海家》《象棋大师》等。同样，有些游戏在巨大的商业背景下，将现实生活中游戏的娱乐性目的夸张成为冷血英雄、暴力仇恨，甚至战争屠杀等场面，于是现实生活中游戏的娱乐、合作、竞争等伦理道德演变为暴力、妒忌、仇恨、战争等。如第二次世界大战题材类的《钢铁战士》《第二次世界大战风云》等，反恐战争类的《反恐精英》等，

古代战争的《三国演义 online》《攻城略地》等。

　　当然，青少年的网络参与是全方位、多角度的，以上列举的网络道德行为类型只代表青少年网络生活中一些比较常见的行为。因此，我们在认识青少年网络道德行为的过程中，既要分清楚其显示了生活中道德行为与网络道德行为的差异，还要了解青少年网络道德行为产生这些差异的原因及影响。另一方面，青少年网络道德也像他们现实生活中的道德一样，还处在一个尚未完全定型的过程之中。如果我们的思想政治教育工作、特别是网络思想政治教育工作能够从青少年的实际情况出发，多开展一些有益的网络交往、学习和积极正面的网络游戏活动，就可以最大限度地纠正他们网络生活中的不道德行为，以促进青少年健康人格的形成和发展。

4.2.3　网络环境下的青少年道德评价

　　青少年网络道德评价是指青少年在网络生活中，依据网上大多数人共同接受的网络道德标准对自己和他人的网络行为所进行的善恶、荣辱、正当或不正当等道德价值的评论和断定。

　　在传统社会中，由于社会生活内容的相对简单，人们的思想观念、知识结构、生活需求以及兴趣情感和利益表达等也相对固定、统一，加上教育内容、方式的同一、单调，人们的理想、信念、信仰等也易于趋同。上述原因，都使得人们的社会道德观念相对简单，道德评价标准也相对固定、程式化。随着现代网络技术的广泛应用，整个社会的生活方式发生了巨大的变化。在互联网条件下，人们的个性和多样化需求将得到越来越多的尊重，人们的网络行为也将更趋于自主化、多样化，网络生活中的道德规则和道德评价标准也将呈现出多元化、开放性的特点。

青少年群体正处于世界观、人生观的形成时期，他们在过去的家庭、学校和社会交往中，虽然也接受了许多现实的社会道德观念及其影响，但是从总体上看，他们的道德实践经历并不丰富，传统道德标准在他们的道德评价体系中并不牢固。随着青少年群体在网络社区、社团的交流中的不断深入，网络上人们不同的价值观念、道德规范、风俗习惯互相交流、碰撞、冲突，一方面，使一些陈旧过时、腐朽落后的价值观念、道德规范、风俗习惯受到冲击，另一方面，一些多样化、个性化和极具青少年特征的网络价值观念、网络道德观念和网络行为习惯等正在逐步形成和建构中。因此，网络时代不仅推动了青少年网络道德观念呈多元化的发展趋势，而且也给青少年网络道德评价带来了相对复杂和不确定的趋势。

首先是青少年网络道德评价的对象具有不确定性。在网络生活中，青少年的网络行为往往具有虚拟和实在两个方面的特点，

即青少年网络行为的主体和对象虽然是一些实在的网络生活者，但是由于他们相互之间的身份往往是隐匿和虚拟的，青少年网络行为的道德意义就难以确定。例如在 QQ 群里，"纯情少女"并不是一个真正纯洁、美丽、善良和忠于爱情的少女，相反，可能是一个离婚多次、终日混迹于网吧且同时正在引诱多个少年女孩进行浪漫网恋的无良中年男人。于是，我们对对方的真诚赞扬就会变成了对虚假和伪善的赞扬，用现实中既有道德的标准衡量这就是一种"恶"的行为，是一种不道德的网络道德行为。可见，在一切虚拟化的电子空间，相对现实社会的做法去对人们的网络行为进行道德评价是多么的困难。因此，在网络虚拟身份越来越复杂离奇的网络生活中，青少年只好用一些中性化的语言、中性化的道德情感表达。如网络语言中的一些符号、数字，以及网络称呼中的"××哥""××妹"等，我们实在难以从道德评价的角度去认识它们的道德意义。

其次是青少年网络道德评价的标准具有不确定性。如前所述，不仅青少年现实生活中的道德观念还处在形成过程中，道德认识和道德观念也没有牢固树立，而且在纷繁复杂的网络生活中，青少年所接受的传统道德观念又受到各个方面的冲击，传统道德与网络道德时常处在一些复杂的矛盾、冲突和重构之中。如在青少年的网络人际交往中，虚拟身份对人际交往中的真诚、友谊等道德标准存在着冲击，网络游戏对青少年的自由、平等与和平等道德观念也存在着冲击等。这种现实生活中道德观念的不牢固和网络生活中道德认识的不明确，必然导致青少年网络道德评价标准的不确定。

综上所述，21世纪网络道德的特点和趋势已经向我们预示了一个开放、多元、互动的社会道德前景。由光纤和无线电信号联结起来的高科技社会已经为人与社会的道德进步提供了前所未有的宽阔平台，但是这也并不意味着我们就能水到渠成地进入一个理想的道德社会。互联网技术照样也为人们的网络道德生活带来了许多的疑虑和困扰。青少年是现代网络生活的生力军和主力军，他们的网络道德水平预示未来社会的网络道德水平。因此，只有重视青少年网络道德建设，才能切实地提高整个社会的网络道德水平，积极推动我国社会主义的网络道德建设。

4.3　青少年网络人格中的道德失范及纠正

虚拟状态下的网络交往、网络游戏等网络现象，对青少年网络人格的影响是十分重大的。青少年网上活动中所反映出来的网络暴力倾向、网络欺骗行为，一定程度体现了青少年网络人格动力结构中道德力的匮乏，其实质就是青少年网络道德失范，十

分不利于青少年的健康成长。因此，要培养青少年健康的网络人格，就必须引起全社会的高度关注，并采取一些具体的、有针对性的措施加以救治。

4.3.1　青少年网络人格中道德失范的表现

所谓网络道德失范，是指在现代网络生活中，由于目前尚未形成社会普遍认同的网络道德规范而产生的与现实社会伦理道德规范相违背的那一部分道德现象。由于道德品质与人格品质是密不可分的，因此青少年网络道德失范必然导致青少年网络人格的缺失。在纷繁复杂的网络生活中，青少年网络人格中的道德失范现象主要表现为以下几个方面：

第一，网络道德意识淡薄。青少年网络道德意识是指青少年在网络生活中表现出来的对网络道德的感知和判断能力。由于网络的自身特点，青少年在自己的网络生活中对自己的行为是否涉及道德问题的认识和判断，正逐步成为青少年网络道德失范的主要表现，如网络道德信念的迷失、网络个人自由主义的蔓延、网络行为的恣意妄行等。我们知道，道德信念主要表现为道德主体对自己的个人行为与国家、民族前途认同关系的道德认识，即从道德规范的角度认识自己应该为国家、为民族的前途和发展采取什么样的行为才是善的或恶的。西方国家在输出网络科学技术的同时，也灌输西方社会的道德价值观念。青少年在网络上经常接触西方社会的伦理宣传和文化渗透，于是把西方社会想象为道德自由的天堂。有些青少年的爱国主义和民族自豪感等道德情感淡薄，轻信网络上的某些错误甚至反动言论，在网络上散布和传播冲击民族文化、反对社会主义的反动言论，民族意识弱化，网络道德信念迷失；有些青少年利用网络空间还缺乏有效法律和道德规范约束的现状，在网上追求极度的个性张扬和自由，按照自己的思维和逻辑，以自我快乐和满足为原则，任意地发表言论，实施现实生活中许多无法实现的违纪失德行为，网络个人自由主义蔓延，网络道德意识淡薄。

第二，网络道德行为失范。网络空间是一个集虚拟性、多元性、无序性等多种特征于一身的开放性空间。沉浸在虚拟时空中的青少年，由于其行为缺少必要的监督与约束，一些失德、败德甚至违法的行为容易在网络中出现并被放大、泛滥。如家庭伦理中的网络虚拟婚恋问题：两个互不相识的个体，无视对方的年龄、性别，他们可以通过网络相识、相爱，也可以在网络世界里建立一种虚拟的婚恋关系。在这里，他们既不需要对对方负责，也不需要对现实的家庭和社会负责。在虚拟世界，任何一个人可以与多个人发生网络婚恋关系。毫无疑问，网络虚拟的恋爱和婚姻，容易造成青少年爱情的混乱，导致现实生活中的悲剧。又如

社会伦理中的网络色情和网络暴力等问题：在网络条件下，越来越多的色情信息以声音、图片及视频的形式获得了更加方便和广泛的传播。有些色情网站以营利为目的，通过增加点击的手段，在青少年中传播贩卖色情淫秽图片、影像，推广色情网络游戏。有些青少年在不良分子的诱使下，参与制作黄色图片和影像，有些甚至还在网上组织性交易和网络裸聊等，影响极其恶劣。网络暴力和网络犯罪也是当前青少年网络道德行为失范的一个十分突出的问题。青少年由于社会阅历浅，生活经验不足，缺少辨别是非的能力，容易受网络游戏的不良影响，崇尚暴力，甚至实施网络犯罪。

　　第三，网络道德意志薄弱。网络道德失范的主要表现除了网络道德意识淡薄、网络道德行为失范之外，还有网络道德意志薄弱。青少年缺乏自律自制的能力，在网络道德行为中表现得尤为突出。网络成瘾或网络依赖就是青少年网络意志淡薄的突出表现。青少年网络成瘾通常表现为网络游戏成瘾、依赖和网络交友成瘾、网络交易成瘾等。青少年对网络的过度依赖和使用挤占了他们大量宝贵的学习时间，削减了他们的学习兴趣，降低了学习效率，致使很多青少年难以顺利完成自己的学业。终日沉溺于网络也极大地影响青少年的正常社会交往。研究表明，过多使用互联网会导致青少年的孤独感和抑郁感的增加，使他们的社会实践活动减少，在心理上还会导致他们的主观幸福感降低。总之，网络成瘾不仅影响青少年的学习，也会使他们的社会交往面变窄、人际关系冷漠，严重的还会导致青少年人格发展异化或出现人格障碍，影响青少年健全人格的形成。

4.3.2 青少年网络人格中道德失范的原因

网络信息技术的快速发展与网络道德建设的相对滞后形成的强烈反差，使我国目前青少年网络道德失范问题日益凸显。影响青少年网络道德失范的因素多种多样，以下我们主要从青少年自身因素、网络自身的特点以及影响青少年网络道德的外部环境等因素等来加以讨论：

第一，从青少年心理发展特征来看，青少年的好奇心特别强，他们对一切新奇事物都有一种渴望接近与探究的心理趋向。网络世界不仅是一个内容丰富的全新的世界，而且也是一个充满神秘感的虚拟世界，它对满足青少年的好奇心具有强烈的吸引力。青少年在网络世界遨游时，这种盲目的好奇心容易导致行为的冲动，一些人在这种本能冲动的影响下就可能发生一些丧失道德原则、违反道德规范、破坏社会秩序乃至违法犯罪的行为。

这首先表现为在网络道德认识主体的心理结构中，青少年由于心智还不成熟，对于事物认识并不全面，很难辨别纷繁复杂

的网络信息内容，特别是那些低级庸俗的内容对青少年更具诱惑力，如网络游戏、带有色情内容的语音视频聊天室等。青少年的好奇心理与网络内容的诱惑容易使青少年网络行为丧失自我主体的内在控制，这也是青少年网络成瘾病症形成的重要心理机制。

其次，青少年逆反心理的消极指向也容易导致青少年网络人格中的道德失范。青少年的叛逆心理对青少年的成长既有积极的作用也有消极的影响，前者可以促使青少年求变创新，后者则可能导致他们的行为脱离现实生活道德准则而成为不受道德约束的肆意妄为。青少年渴望友谊，渴望同龄人之间的理解与交流。而网络空间的无限性和网络交往方式的匿名性、隐蔽性和随意性，既给他们带来了交往的安全感，也为他们的交往范围的扩大提供了很多的方便。他们可以在网上充分展现自我，自由宣泄情绪。他们在感受网络交友快乐的同时，一些网络话语霸权、网络人身攻击等丧德失范行为也不时在网络上出现。

总之，青少年时期特有的群体阶段性心理及生理特点，对他们在网络生活中的行为表现有着重要的影响和作用。青少年正处于成长过程中的重要时期，其心理、情绪、意识上都存在着很大的波动性，这种波动性随时都会伴随着他们的社会行为、网络行为等表现出来，如果不能得到及时有效的引导，就会表现为社会行为的失范和社会道德的失范，在网络生活中则相应地体现为网络道德失范。因此，青少年网络道德失范实际上是青少年原有的道德问题在网络上的映射。

第二，从网络自身的特点来看，网络自身的虚拟隐匿和多元开放客观上为青少年网络道德失范提供了空间和契机。作为20世纪人类的伟大发明之一，互联网本身具有一些区别于其他传统媒介的个性特点。不可否认，青少年网络道德失范问题的发生与之有一定的相关性。

首先是网络空间的虚拟性带给青少年网民身份虚拟感，这是导致青少年网络行为不受约束，从而引发青少年道德行为失范的一个最重要的原因。在互联网中，他们感受不到物理空间的方位，他们的交往完全是借助文字、语言的间接交流。他们的身份是隐匿的，在匿名状态下，没有现实世界中的身份属性、等级属性及地域属性等限制，掩盖在虚拟角色面具下心灵深处那个"真实"的自我更容易在完全放松和自由的状态下释放出来，不必顾及社会舆论、传统习惯和道德的约束与监督。但是，缺乏道德机制发挥作用所必须具备的外在约束，也势必会出现传统道德建设中所无法预测的结果，导致青少年网络道德的失范。

其次是网络的开放性易导致青少年道德观念的多元化。互联网是一个巨大的开放的信息传递系统。网络的开放性必定会促进网络信息的多元化，网络信息的多元化也一定会带来网络使用者

的价值、观念的多元化。特别是互联网上不同国家、民族间的生活方式、文化类型、宗教信仰、思想观念的冲突碰撞，会给处于成长期的青少年网民带来更多的困惑和迷茫。也许原有伦理道德体系中的某些内容已同网络的发展要求不相适应，但是相应的新道德体系尚未建立起来，网络道德失范现象就在这种道德建设的缝隙中滋生出来。

最后是网络人际交往的"弱联系"①。传统的人际交往是一种以个人为中心，由亲及疏、由近到远渐次向外扩散的人际交往，即费孝通所称的"熟悉"社会中的"差序格局"②。与之相比较，网络交往复杂、重叠、间接、无序，向各个方向伸展。面对以鼠标和键盘为中介的人际交往，人与人之间的亲切感变弱，面对面的直接交往机会减少，人际关系也趋于不稳定，人们之间的信任感、责任感降低。这种脆弱的网络人际关系也是造成网络道德失范的重要原因之一。

总之，网络自身的特点为青少年网络道德失范提供了发生的空间和重要契机。

第三，家庭、学校、社会教育和监督方面的某些缺失是造成

① GRANOVETTER M.The Strength of Weak Ties[J]. *American Journal of Sociology*, 1973(78).

② 费孝通. 乡土中国·生育制度 [M]. 北京：北京大学出版社，1998：24.

青少年网络道德失范的外在原因。马克思主义认为："人创造环境，同样，环境也创造人。"① 当前，在复杂的国际、国内环境的影响下，各种社会矛盾不断涌出，许多价值观念互相冲突，这也给青少年的学校、家庭教育带来了许多的困扰，这也是造成青少年网络道德失范的重要因素。

首先，从社会因素看，人们在网络空间中的虚拟行为总是与社会现实相关联的，是社会客观现实的能动反映。这主要表现为：一方面，中国目前正处于社会转型期，利益主体利益多元，社会矛盾日益复杂，反映在社会意识形态领域，就必然会引起社会思潮、价值观念、文化形态的多元化。在网络的影响下，那些在现实社会中流行泛滥的市场功利主义、个人自由主义正一步步地侵蚀青少年的价值认同，使他们的道德取向更侧重于功利性、实用性，青少年思想政治教育出现了新的困境，道德滑坡，诚信缺失。另一方面，网络管理机制不健全也对青少年网络道德失范产生了重大影响。近年来我国已颁布了《全国青少年网络文明公约》等部分关于规范青少年网络行为的法律法规，但是这些文件大多流于宏观层面的指导，缺少实际有效的可操作性。当然，政府和社会对非法网吧监管和处罚的不力也对青少年网络道德失范负有不可推卸的责任。在一些学校周边网吧林立，许多网吧为了

① 马克思恩格斯选集（第 1 卷）[M]. 北京：人民出版社，1995：92.

牟取利益违规经营，如为未成年人提供他人身份证实名，容许青少年网吧留宿，涉嫌情色和赌博等，严重影响了青少年的学习和身体健康。

其次，从学校因素看，学校是青少年活动的主要场所，学校不仅要向青少年传授文化知识，培养他们各种实践能力，更应将帮助青少年树立远大理想、形成正确的道德观念、培养健全人格作为自己的重大历史责任，即所谓的"传道""授业""解惑"。但是，有些学校只重知识传授，青少年道德教育中存在许多空地，在网络道德教育上，学校采取的正面引导和负面防范的有效措施不多。有些学校的道德教育工作者缺乏对网络技术的掌握和对网络交往特点的深入了解，缺少足够的专业知识去成熟地处理和解决青少年在网络虚拟空间所出现的不良行为和问题，学校网络道德教育的内容和手段有待进一步完善和改进。

最后，从家庭因素来看，家庭环境始终是青少年伦理道德形成的基础环境，家庭伦理也是青少年道德观念发育和形成的"母体"。青少年网络道德失范与家庭教育缺失密切相关。这主要表现在有些家长对孩子一般性的网络好奇"着迷"缺乏必要的认识，只一味地对青少年的网络行为进行粗暴硬性限制，动辄非打即骂，造成孩子心理的扭曲；有的家长则对孩子的网络行为放任自流，毫不关注孩子的思想变化，忽视对孩子的有效教育和管制，致使孩子的网络行为越轨、网络道德失范现象频生。另外,家庭关系的融洽与否、是否为单亲家庭等也是引起青少年网络道德失范现象的又一重要因素。家庭的关爱程度不够,或爱的缺失、爱的偏斜容易导致青少年缺乏安全感,于是他们只好在网络虚拟世界里去寻求精神安慰。在这些青少年中,出现网络道德失范现象的概率更大,这必须要引起学校、家庭乃至社会的关注。

4.3.3 青少年网络人格中道德失范的纠正

青少年网络道德失范产生的原因是复杂的,既有学校、家庭、社会的因素,有网络自身的客观原因,也有青少年自身成长过程中的主观原因。因此,加强网络道德教育就要依青少年思想政治教育工作的一般规律,有针对性地采取一些积极的手段和措施对青少年网络道德失范进行纠正。

第一,要发挥家庭教育在青少年网络道德教育中的基础性作用。"家庭是受道德教育最早的地方。高尚品德必须从小开始培养,从娃娃抓起。要在孩子懂事的时候,深入浅出地进行道德启蒙教育;要在孩子成长的过程中,循循善诱,以事明理,引导其分清是非、辨别善恶。"[1] 家长在青少年网络道德教育中扮演着不可替

----

① 蔡迎旗.公民道德教育与家长教育行为——浅谈《公民道德建设实施纲要》与《家长教育行为规范》[J].理论月刊,2002(11).

代的重要角色，既是青少年道德教育的引导者和守卫者，也是青少年道德行为的示范者。因此，在家庭网络生活中，家长更应该充分发挥他们在道德教育中的引导示范作用，要向青少年传授正确的道德观念和经验，帮助青少年增强网络道德意识，养成良好的网络道德。

目前大部分的家庭都普及了电脑，但是他们对网络的熟悉和了解程度基本上还停留在较低的层级，不清楚哪些网络知识对孩子的成长是积极有益的，哪些是消极有害的。家长应该以平等的身份和朋友的态度与孩子们在一起参与上网活动，甚至可以组织一些具有积极意义的家庭网络知识、网络游戏、网络创作竞赛。此外，家长要以自己的实际行动创建良好的家庭伦理环境，在孩子面前树立应有的家庭威信，言传身教，不纵不溺，管爱适度。要从孩子们的需要、兴趣和好奇心出发，引导他们正确使用网络，树立牢固的网络道德意识，对他们在网络中正确的网络行为可实行适度的褒奖，对那些不良的网络行为可实行适度的惩贬。总之，充分发挥和利用家庭教育的亲情、亲近优势，积极发挥网络的积极正向功能，克服其消极负面影响，使青少年在网络世界里不迷失自我，实现顺利健康的成长。

第二，要重视学校在青少年网络道德教育中的主导地位和作用。毫无疑问，学校是治理青少年网络道德失范的主要阵地。青少年在交往中，每天接触最多的除了父母外，主要是老师和同学，因此对他们的行为习惯和思想状况了解最多的也主要是老师和同学，青少年间网络行为和对网络道德认识的交流也主要在同学和老师间，这为学校网络道德教育提供了最有针对性的有利条件。另一方面，学校还有专门的思想政治教育工作者和专业的网络技术人员，这使得学校青少年网络道德教育具有其他任何教育形式无可替代的巨大优势。

在网络生活中，首先要努力培养青少年的道德自律。学校要充分利用自己的优势，教育青少年学会"自律"和"慎独"。"慎独"虽然是我国古代儒家思想所提倡的一种自我修养的方法，但是它对我们今天互联网条件下的青少年网络道德修养仍然具有十分重要的借鉴意义。互联网时代的社会生活更加丰富，人们面对的诱惑也更加多样。因此，只有帮助青少年在斑驳陆离的网络生活中达到"慎独"的道德修养境界，才能提高他们的自律能力。青少年网络道德修养的"慎独"应提倡的基本要求有："明辨真伪不轻信；保持真诚不欺骗；履行责任不随意；遵守协议不侵权；提高警惕不放任；拒绝诱惑不沉溺；洁身自好不猎奇；严守纪律不泄密。"①

其次，完善网络道德教育的内容。网络技术的发展不仅带来人民物质生活层面的巨大改变，而且也带来人们精神文化生活的

---

① 姚佳.网络的发展给社会带来的伦理道德问题 [J].电脑知识与技术,2008(2).

巨大发展，其中也包括人们的道德伦理生活。因此，新时期学校的网络道德教育内容应该扩大其涵盖面、增加其时效性。比如，在内容上除了教材上一般层面的道德教育外，还应特别加强与网络行为相关的伦理道德教育、网络行为教育等，如要尊重网络隐私，不造谣传谣，不人身攻击，自觉抵制网络色情、网络暴力、网络诈骗等违法犯罪行为。

再次，重视网络道德教育工作者队伍建设。学校思想政治教育工作者是学校青少年网络道德教育的中坚，每一位教师都是学校青少年思想政治教育工作的重要参与者，无论是学校领导、班主任还是专业任课教师，他们在青少年思想政治教育中都有自己的优势和特色。要动员更广泛的力量让每一位教师都能正确地认识到网络道德教育在学校思想政治教育中的地位和作用，时刻关注网上信息动态，在千奇百态的大众网络信息环境中，自觉担任青少年网络生活中的"监护人"。

最后，重视校园网络文化建设。学校是育人的摇篮，每一所学校都应该努力建立适合自己学生特点、具有浓郁地方特色的校园网络。如利用学校网站，开辟专门的网络道德论坛，介绍身边的文明网络行为案例，组织以网络道德为内容的主题班会、演讲活动等，充分发挥学校在青少年网络道德教育中的优势功能。

第三，强化社会教育在青少年网络道德教育中的社会支撑。

马克思主义认为:"人天生就是社会的生物,那他就只有在社会中才能发展自己的天性。"[①] 重视青少年网络道德教育就必须重视社会网络环境建设,净化社会网络环境,营造健康积极向上的网络生活氛围。

首先,要弘扬社会主义主流网络文化。在积极推进社会主义文化建设中,我们应利用网络媒体这一先进平台,传播先进理论,介绍优秀作品,唱响中国特色社会主义主旋律,积极推进网络先进文化建设,用富有民族性、创新性、先进性、知识性、娱乐性的文化信息和文艺形式,丰富人们的网络生活,开发青少年网络道德教育资源,有效抵制网络低俗以及国外反动言论和不良信息的侵袭。对那些利用网络传播暴力、色情等不健康内容或者进行反动宣传的不法网站,应通过技术的、行政的、法制的等各种有效手段予以坚决的取缔。

其次,要完善网络立法、规范网络行为。完善的网络法制是确保青少年网络道德教育有序进行的根本保障。青少年由于缺少基本的法律知识,自我保护意识薄弱,他们的个人隐私、人身安全、心理健康等容易成为网络犯罪的受侵害对象。因此,只有加强网络立法工作,建立健全完善的网络监管制度,才能有效保护青少年不受网络犯罪的侵害,才能有效避免和预防青少年网络犯

---

① 马克思恩格斯选集(第 21 卷)[M]. 北京:人民出版社,1995:166.

罪。总之，将网络立法纳入社会法制体系，让社会主义法治建设紧跟网络发展的潮流，让青少年在网络生活中做到"有法可依""有法必依"，已成为当前我国网络生活中一项十分紧迫的社会历史责任。

最后，要加大对网吧的监管力度。许多私营网吧业主为了他们的个人经济效益，置国家法律和社会良知于不顾，以各种隐蔽的手法利诱未成年人进入营利性网吧，唆使他们参与一些诸如色情、暴力、赌博等方面的网络游戏，对他们的网络行为放任自流。许多青少年的网络越轨行为都是发生在这些社会网吧。现今那些缺少社会有效监管的私营网吧已成为青少年滋生网络不良行为的重要场所。因此，必须适当限制私营网吧的发展，严格把关网吧的审批制度，增强私营网吧业主的社会责任感和职业道德素养，对那些违法违规的网吧应予以严格的惩罚，甚至法律制裁。只有这样，才能使网吧管理制度条例的有效性真正落到实处。

总之，加强青少年网络道德教育、克服青少年网络道德失范需要动员全社会的力量，集中全体社会成员的智慧。只有形成社会、学校、家庭等网络道德建设的合力，才能营造健康良好的网络道德教育环境，培养积极向上的青少年网民。

第5章　青少年网络人格动力结构中的行为力

　　青少年网络人格中的行为力主要是指网络行为对青少年行为动机、行为方式、行为结果的影响作用。马克思主义认为，人们的一切真知灼见无一不是来源于实践，人们一切意愿或目标的达成也必须通过生活实践实现。在中国传统思想中曾经有所谓大道至简、知易行难的说法，其强调的就是要重视人们的实践能力的发展。对青少年而言，他们虽然有着丰富多彩的想象力、灵活变通的创新力、活泼风趣幽默的表达力等，但是，在这些众多的能力结构体系中，作风踏实的实践行为力才是最重要的。美国著名青年心理学家多萝西·罗吉斯在其《当代青年心理学》中曾指出，"青少年在各种场合顺利完成活动的能力，对于一个青年来说是重要的”^①，并强调它不仅是青少年获取安全感的基础，而且也是提高自由感和自主感的重要条件。可见，青少年的行为力在青少年人格成长中具有重要的作用和地位。同样，青少年在网络世界中的行为能力，也会对他们网络人格的形成和发展产生重要的影响和作用。

5.1 行为与青少年的人格力量

人类行为的类型、结构、意义在不同的学术领域有不同解读标准，在青少年思想政治教育领域中主要将其区分为学习、生活、娱乐、交往行为等。人们的行为选择可以反映人的心理趋向，也可以反映人的人格特征。重视青少年的行为修养，有利于培养青少年的健全人格。

5.1.1 行为与人格

行为是一个跨哲学、心理学和社会学几个学科的学术概念。从哲学的角度看，行为即人们的行为活动，是一个类似于实践活动的概念，它泛指人类一切改造自然、改造社会的实践活动。心

---

① 多萝西·罗吉斯.当代青年心理学 [M].张进辅，张庆林，等译.长沙：湖南人民出版社，1988：195.

理学则把行为看成人体器官对外界刺激所产生的反应。社会学对行为的解释最为复杂。社会行为学认为，行为主要是人们日常生活、学习、工作、游戏、与人交往等一切活动的总称。人们的行为总是在一定现实的社会生活中表现出来的，是与人们生活的物质环境、文化背景、社会习俗等有关的，因此人们行为的某些特征总是有着特定的社会含义，如西方社会人际交往中的拥抱表示亲密友好，而在东方社会中可能是用握手或作揖等行为替代。我们对青少年行为与青少年人格关系的思考，主要是从社会行为学的角度来进行讨论的。为了正确理解人们的行为与人格的关系，我们需要首先了解行为的类型和行为的结构。

在心理学领域中主要将人的行为区分为潜意识行为和意志行为，在哲学领域中将其区分为生产活动、社会活动和科学实验等三大类型。而根据社会行为学的观点，人的行为可以区分为外显行为和内在行为两种基本类型：前者是指可以被他人直接观察到的行为，如言谈举止等；后者是指不能被他人直接观察到的行为，如意识、思维活动等，即通常所说的心理活动。一般情况下，可以通过观察人的外显行为，进一步推测其内在行为。当然，这些行为类型的划分也受到其学科局限的影响而不够全面、不够深入，如我们前面所讨论过的属于思想政治领域研究中的涉及人们政治活动的政治行为，以及涉及人们道德生活的道德行为等。总之，关于人的行为类型区分是相对的，不同的学科有不同的研究领域，不同的学科有不同的研究重点，本书主要侧重从青少年心理学和青少年思想政治教育等领域来讨论青少年的行为。因此，我们的研究重点主要是关注青少年的学习、交往、娱乐等。

同样，人的行为的结构问题涉及哲学、心理学、社会学等多个学科领域，但是概括起来，其主要内容都集中在对行为主体、行为客体、行为环境、行为动机、行为手段和行为结果等问题的考察上。因此，我们也可以把行为的主体、客体、环境、动机、手段和结果等因素看成构成人的行为的基本要素，这也为我们系统考察青少年行为特点提供了重要的理论依据。行为主体当然是指实施某种行为的人，年龄、性别、民族、文化等背景不同的主体，其行为特征总存在着一定的差异；行为客体就是指行为作用和指向的对象，同一主体面对不同的客体，或是不同主体对同一客体，其行为特征也可能是多样的；行为环境是指主体或客体所处的不同状态背景或状态，它对人们行为的影响也是复杂的，尤其是对青少年的行为更是如此，如"大庭广众之下"的温和与收敛，和缺少监督的放纵与夸张等；同样，动机、手段也会对人们行为的特征与结果产生重要影响。

人的行为与人的人格有着十分密切的关系。这主要表现在如下几个方面：

首先，人们的人格总是通过人的行为表现出来。我们知道，在心理学的范畴中，人格是指人们比较稳定的心理趋向和行为模式。人们暂时的、个别的心理活动也许不能被人们轻易观察得到，但是一旦它发展成为一种稳定的心理趋向时，人们通过比较长期的交往观察就能体会不同人格的力量，所谓"日久见人心"就是对不同人格的力量的最好评价。而一个人稳定的行为模式一旦形成，就会在各种不同的行为中表现出共同的人格力量来，如"与君一席谈，胜读十年书""一见如故""相见恨晚""高风亮节"等就是对高尚人格魅力的溢美颂扬。如果从社会学的角度看，由于人们的行为总是由动机、环境、结果等要素构成的，而我们强调在人格系统中也包括理想、道德、情感、兴趣等因素，可见远大的理想、高尚的道德、健康的情感等其实就是激发人们行为最强劲的动机因素。人们的行为反映人们的动机，同样，人们的行为也体现人的人格。

其次，培养健康的人格必须通过加强对行为的修养来实现。由于人们的行为是受环境、动机、手段等要素影响和制约的，而环境、动机、手段等要素在现实生活中经常处在不断的变动之中，因此人们的行为特征也常常表现出在不同时期、不同阶段和不同背景下的差异。比如同是篮球比赛的体育活动，如果啦啦队员创造出的是一种激动快乐的环境，则场上队员勇猛奋进，动作准确、敏捷，有时还常常有灵感的显现，活动的效果良好；但是如果环境嘈杂无序，场下啦啦队员嘘声四起，场上队员之间互相埋怨指责，那么场上那些心理素质较差的队员的技术动作就会变形，其社会行为就会表现出不尊重球场规则，队员与队员之间互相斗狠，有的甚至会出现球场暴力，体现出人格的某些缺失。但是那些优秀的运动员则受这种环境的影响较小，他们的技术行为和社会行为都会比较稳定，体现出比较积极正面的人格力量。当然，任何优秀的队员并不是不需要任何锻炼就天生优秀，他们的技术行为和社会行为也是在不断的锻炼和修养中养成的。同样，在人们的社会交往中，那些具有伟大人格魅力的英雄人物、道德榜样，其行为也是经过不断的修养和锻炼而养成的。所以，培养健康的人格必须通过加强对行为的修养来实现。

总之，人格与人的行为密不可分。可以说，行为既是心灵的镜子，也是人格的辉映。只有重视日常行为培养和锤炼的人，其人格的魅力才会焕发出夺目的光彩。

5.1.2 青少年的行为特点与青少年人格

在日常生活中我们常用青春、阳光、朝气蓬勃等词语来形容青少年，其实质就是从青少年的行为和精神风貌上赞扬青少年的青春活力。随着年龄的增长，青少年的观察力、记忆力、想象力

和思维力也在不断增长，他们的实践行动能力有了显著的提高，如学习能力、动手操作能力等。心灵手巧、动作敏捷等的确是青少年行为的主要特点。为了深入研究和探讨青少年行为的基本特点，我们可以通过对青少年的行为类型、行为结构等的分析，来了解和掌握青少年行为的一般特征，以便在此基础上进一步把握青少年行为发展的基本规律，正确引导青少年的行为，培养青少年的健康人格，促进青少年的顺利成长。

　　首先，从青少年的行为类型来看，青少年正处在心智和身体快速成长的阶段，他们兴趣广泛、接受能力强，虽然还未完全走出家庭、走出学校、走向社会，但是他们渴望以自己的实际行动参与社会各种活动。他们在学校积极参加各种社团组织，锻炼自己的才干，培养自己的能力，为将来进入更高层次的学校或者走向社会积蓄力量，为将来更广泛的社会参与奠定基础；在生活中，球场上经常出现他们矫健的身影，宿舍、会议室、校园草地以及其他各种室内外场所，常常看到他们高谈阔论，思想的火花到处显现；生日聚会、交友沙龙、甚至歌厅舞厅和 KTV 等娱乐场所，时常能听到他们爽朗的笑声；教室、自习室、实验室、图书馆等各种学习场所，经常看到他们全神贯注、沉静思考的神态。总之，青少年活动范围广泛，活动内容丰富，行为类型具有多样性。

其次，从青少年的行为动机来看，青少年思想单纯，感情质朴，行为动机的目的性不强。如人际交往中直率、真诚，注重友谊，而很少顾及其他因素的影响，就是与同学、同事、老师、领导、家长等发生某些冲突，也仍然是思想幼稚、情绪冲动的表现，与人的动机没有实质性的关联；在学习行为中，未来的抱负、人生的规划、职业的选择等，都构成他们行为动机的主体，他们很少受金钱、利益、权势、名望、社会地位等诱惑。就是某些所谓的"后进生""落后群众"，他们要么图安逸，要么贪玩耍，要么是在网络游戏面前缺乏自制力，动机仍然十分单纯。在休闲娱乐行为中，他们生性活泼、好发奇想，有时行为出格离奇，甚至恶作剧连连等，但是他们的动机仍然是为了娱人娱己，博取大家的欢乐。

最后，从青少年行为的稳定性来看，受青少年认识能力、观察能力、处理问题能力的影响，他们的行为缺少稳定性。比如从青少年的学习行为来看，所谓的朝三暮四、朝秦望楚、"三天打鱼，两天晒网""经不起挫折的考验"等，指的就是这种现象。在学习中，他们常常表现为起始雄心勃勃、兴趣浓浓，顺利就意气风发、一鼓作气，但一碰到困难、遇到困境就会意志沉沉、垂头丧气，有时甚至自暴自弃。再如从青少年的人际交往行为来看，他们虽然交际广泛、情感率真，但是一旦不被理解、不被赞成，

有时遇到各种不同程度的误解、曲解等，就容易行为冲动，不顾及友情、亲情、爱情，有时甚至会产生某些伤害友情、亲情、爱情的行为。但是也许几句安慰、几句辩解，他们又立刻和好如初。也许再过几天，再遇到某些其他类似情况，他们感情的波澜又会再次兴起，单纯反复，行为缺少稳定性。

青少年行为的上述特点，既是有利于青少年人格发展和促进青少年健康成长的积极因素，也是不利于青少年人格发展，甚至对青少年健康成长有害的消极因素。这主要表现在以下几个方面：

首先，从青少年行为类型的丰富多样性来看，青少年行为的丰富多样性对青少年的全面发展有着重大的积极意义，但是，如果对这种丰富多样性引导利用不好，却也可能导致青少年兴趣转移，情感不够稳定，理想不够远大坚定，对青少年的成长和青少年的人格发展可能会产生某些负面影响。

其次，从青少年行为动机单纯、质朴的特点来看，青少年纯洁，动机单纯，它可以使青少年在确立人生理想和价值目标的过程中，摒弃那些消极、腐朽的人生理想，树立远大光明的共产主义人生理想，树立正确的世界观、人生观，保持青少年思想、友谊的纯洁性，培养和塑造青少年的健康人格。但是，如果无视青少年行为动机单纯的特点，或者不能对其施以正面的影响，就有可能会导致青少年行为的过度放纵，甚至会导致青少年的纯洁和质朴被某些社会消极力量、反动力量利用，最终影响青少年的健康成长和青少年健康人格的完善。

最后，从青少年行为的稳定性来看，青少年行为的稳定性、持久性不够，这也说明青少年的行为具有很强的可塑性，家庭、学习、社会的正面引导可以使青少年少走弯路、错路，可以将青少年的成长引向符合时代潮流、符合社会需要的发展方向，使青少年成长为有益于人民、有益于社会的有用之才。但是如果不加以引导，或者是错误引导，就会导致青少年行为与社会行为脱轨，性格乖戾，严重时甚至会导致青少年行为越轨的发生，危害自己，危害家庭，危害社会。如云南大学马加爵案、复旦大学的投毒案等，从根本上看，就是因为缺少对青少年行为变化的日常关注和正向引导，最终导致当事人人格变异并发展为青少年犯罪的典型案例。

总之，青少年行为与青少年人格发展密切相关。青少年工作者、特别是青少年思想政治教育工作者，只有高度重视对青少年行为特征的细心观察和研究，并加以耐心的正确的引导，才能使青少年工作、特别是思想政治教育工作切实有效，才能促进青少年的健康成长，促进青少年人格的完善和发展。

5.2 互联网生活中的青少年网络行为

在互联网中，青少年的网络行为无论是其行为的目的和动机，还是行为的主体和方式等，都呈现出与现实生活中不一样的特点。这些特点都与青少年网络生活中的虚拟身份、虚拟环境有关。要重视青少年网络人格教育，就必须对青少年网络行为给予高度的关注。

5.2.1 青少年网络行为的主要类型

现代网络技术拓展人类活动的空间，人们在现实生活可以参与的一些重要活动，在互联网世界照样可以实行，而且还可以突破现实生活中人们活动的时空局限，可以超越身份、资历、财富、知识、能力等多方面的各种差异，比如网络政治参与、网络学习办公、网络购票购物、网络看病求医、网络游戏交友等。与人们现实生活中的行为相比，网络条件下人的行为活动更加开放、自由、随意，人们的生活更加便捷。总之，网络不仅改变了人们的生活空间，也影响了人们的行为方式。与其他年龄阶段的社会成员相比较，青少年更是互联网技术的忠实崇拜者，他们以各种方式积极参加互联网上的各种活动，展现他们在虚拟世界中的行为风貌。概括起来，我们可以对青少年的网络行为做如下几个方面的分类：

第一，青少年的网络聊天与交友行为。这是青少年网上行为中最普遍、最常见的行为，也是青少年最喜欢的网上活动之一。青少年网络聊天的主要平台有 QQ、MSN、微信、脸书、博客以及各种形式的聊天室、视频聊天室、各种论坛上的发帖顶帖等。聊天的形式多种多样，聊天的内容开放广泛，聊天的对象不受任何拘束。据百度文库中《对关于青少年网络聊天的问题的研究报告》中对某中学高二年级 70 名中学生的调查统计，平均每天聊天两个小时以上的比例竟高达 66%，两小时以下的占 30%，没有上网的占 4%。[①] 导致这种现象产生的主要原因除了我们日常所讨论的独生子女现象、学业压力、家庭沟通不够等因素外，恐怕还有教育教学体制缺失、青少年社会关怀缺位等更深刻的社会因素。这些因素的最终集合，必然会导致青少年现实活动空间受到挤压，青少年内心孤独感增加，于是网络聊天和交友就成了他们最简单、最便利的网络行为方式。在这里，他们可以无拘束地交流对人生、社会、学业、友谊、爱情等问题的看法，开阔视野，增长知识，了解他人，了解社会。

第二，网络学习和创作行为。网络学习和创作行为包括网络信息的查询、网络信息的利用、网络信息的交流互动、网络信

---

①   http://wenku.baidu.com/view/b731b53987c24028915fc3bd.html.

息的创造与发布等。互联网上信息量巨大，它是任何传统的图书馆、展览馆、博物馆所不能比拟的，在这里，青少年可以随意地查询自己所需要的信息，哪怕是那些带有明显商业行为的有偿信息，也可以通过信息交换或其他渠道来获得。互联网是真正意义上的百科全书。互联网上信息交流和利用方式多样，使用便捷，如下载、上传、复制、转换、粘贴等各种手段，使青少年免除了以往学习中的借阅、誊录等烦琐手续的折腾，大大提高了学习的效率。特别是网络学习中的互动，更受青少年喜爱。网络学习中的活动，不仅可以跨越时空限制地提问、回答、测试，可以跨越时空限制地交流学习心得体会，而且还可以通过软件将学习内容设计成各种题材的游戏、比赛等活动，让青少年自主地学习，自觉地学习，以及让青少年在娱乐中学习，在游戏中自我检查与反馈，检测自己的学习效果，提高自己的学习兴趣。而网络创作更是可以利用互联网的虚拟、开放、多元的特点，使青少年的创作活动在更少约束条件下，充分发挥青少年想象力丰富的优势，激发青少年的创作热情和创作灵感，培养和发展青少年的创造力。

第三，青少年的网络休闲与游戏行为。网络作为新兴的大众传播媒介，不仅承载和传播着巨量的各种信息，而且也像其他传统的大众传媒一样，为网民提供了丰富的娱乐资源与平台，如PPTV、优酷、迅雷电影等十分丰富的网络电影资源和在线电影播放平台，MP3 网络下载、网络聊天室、网络棋牌室、QQ 农场以及其他的大型网络游戏等。这些网络休闲游戏与现实生活中的休闲游戏最大的区别，在于它们兼有虚拟和现实相结合的双重性、平等交互性、广容兼容性等特点。这些特点，对青少年的吸引力极大，再加上青少年行为的稳定性不够、自我控制力不强等，往往更容易沉溺于网络游戏中不能自拔。特别是在一些大型网络游戏中，青少年网络游戏参与者往往能以自己虚拟的身份参与其中，这样在游戏中青少年的行为常常游离于虚拟行为与现实行为之间。尤其是在那些宣扬暴力、宣传色情的网络游戏中，青少年网络参与中的虚拟行为对其现实行为有极大的干扰作用，有时甚至会诱导青少年走向暴力犯罪，极大地损害青少年的健康成长。

以上对青少年网络行为的区分是相对的。有的研究者还提出"工具性网络行为""信息性网络行为""逃避性社交行为""积极性社交行为""自我肯定和虚拟情感行为"等①。这些划分，虽然更为具体、更贴近青少年网络生活的基本特征，但是也存在着各类型的差别界限模糊、区分困难等。如工具性网络行为、信息性网络行为，自我肯定和虚拟情感行为就不容易进行明确的区分。

---

① 徐建军.大学生网络思想政治教育理论与方法 [M].北京：人民出版社，2010：302.

5.2.2　青少年网络行为的主要特点

我们在分析现实生活中人的行为结构时，强调了行为主体、行为客体、行为环境、行为动机、行为手段和行为结果等主要因素，并由此探讨了青少年现实行为的基本特点。同样，我们在初步探讨了青少年网络行为基本类型的基础上，也可以从青少年网络行为的主体、青少年网络行为的动机和青少年网络行为的方式等三个方面来概括青少年网络行为的基本特征。具体地说，就是：

第一，青少年网络行为主体具有双重性。我们知道，行为主体就是指实施某种行动的人。在现实生活中，行为主体是具体实在的，其身份是有确定的内容的，如年龄、性别、民族、文化水平等。不同主体间的行为差异，也正是由不同行为主体的身份差异所造成的，如学生与老师、男性与女性、青少年与老年，他们的行为差异十分明显。但是，在青少年网络生活中，实施某种网络行为的青少年却常常隐匿其真实、具体实在的身份，而以虚拟身份(包括年龄、性别、民族、文化程度等)出现。这就使得青少年网络行为的主体具有了虚拟身份和实在身份相结合的双重性特点。这种虚拟身份和实在身份相结合的双重性特点，对青少年网络行为的影响作用是十分重要的。一方面，青少年网络行为主体的虚拟身份使青少年网络行为获得了更多的平等和自由，但同时也会使青少年网络行为缺少必要的监督或约束，容易导致青少年网络行为的自我放纵，严重时甚至会导致青少年网络犯罪；另一方面，青少年网络行为主体的虚拟身份与青少年网络主体的实在身份之间会发生十分复杂的强化、消化、幻化等作用。如青少年网络游戏行为中的见义勇为，它既可以强化青少年现实行为中的正义、勇敢，也可以克服青少年现实行为中的怯弱、麻木。反之，青少年网络游戏行为中的暴力、色情，既可能抵消青少年现实行为中的正义、文雅，也可能使青少年在现实行为中更加暴力、消沉，甚至走向堕落、犯罪。因此，青少年网络思想政治教育工作者必须对青少年网络行为主体的双重性特点给予高度的重视与关注。

第二，青少年网络行为的动机相对模糊。青少年网络行为动机的模糊性与青少年网络成瘾和网络依赖有着内在的联系。与青少年现实行为动机的单纯性、质朴的特点相比较，由于网络文化更加开放、更加多元、更少约束，因此青少年网络行为也更加随意、动机更加模糊。比如在青少年网络聊天和网络交际行为中，其聊天的目的、主题比现实生活中更加虚化。有的青少年在手机网络上整天挂着QQ，不管QQ群中他人之间的聊天是否与自己有关，只要QQ"嘀嘀"一响，就会本能地开机"旁观"，有时还事不关己地插言"旁白"，学习工作不专一，影响工作和学习效率，有时甚至会影响正常的人际交往。又如在青少年网络学习行为

中，有的青少年往往在某一学习资料的查询过程中，却被另一奇特的网络信息、游戏等吸引，把大量的学习花费在网络冲浪、游戏中，学习目的极不明确。在网络游戏行为中，益智、怡情的网络游戏目的往往被严重的网瘾和网络依赖取代。有的青少年一到假期或周末，就通宵达旦沉浸在网络游戏中。据有的家长反映，在 QQ 农场盛行时期，有的青少年从睡梦中爬起来"偷菜"，有些人还一晚起来偷数次。在"传奇"游戏流行时期，不管是在教室里，还是在走廊上，甚至是厕所里，总能听到青少年交流网络游戏经验的各种谈话。在有些青少年之间，网络游戏的交流远远超过学习和生活的交流。青少年网络行为动机的模糊性，正是滋生青少年网络成瘾和网络依赖最重要的原因。克服青少年网络成瘾和网络依赖，最有效的办法就是要明确青少年网络行为的目的，克服青少年网络行为动机的模糊性。

第三，青少年网络行为方式具有多样性，行为结果更难预测。世界著名行为主义学者华生曾强调训练有素的行为主义者可以"通过提供的刺激来预示将要发生什么反应，或者通过特定的反应来陈述引起这种反应的情景或刺激"。[1] 这实质包含着两个方面的意思：第一，建构了传统行为主义关于行为方式的最经典"刺

[1]　布鲁得斯·华生.行为主义 [M].李维，译.杭州：浙江教育出版社，1998：12.

激—反应"模型；第二，人的行为方式可以通过对"刺激"和"情景"的考察进行预测。依据这一理论，我们也可以构建一个"网络信息—青少年网络行为"的模型，来对青少年网络行为方式加以讨论。但是，"网络信息—青少年网络行为"比华生的"刺激—反应"要复杂得多。这也主要表现在两个方面：首先，在互联网中，青少年行为主体的复杂性(虚拟和实在的双重结构)，必定导致青少年网络行为方式("反应"方式)具有多样性，亦即虚拟身份主体行为方式对实在主体行为方式存在多种结果强化、消化、泛化现象等，所以青少年网络行为结果也难以预测；其次，在互联网中，信息("刺激")与以往现实生活中的"刺激"相比，内容更加多元、结构更加复杂，这也必将导致青少年网络行为方式具有多样性，青少年网络行为结果也难以预测。如网络上的一个"犀利哥"，竟引来了网络上青少年万千种评价，出现了万千种的行为模仿。可见，青少年网络行为方式的多样和行为结果难以预测的特点，也为我们青少年网络思想政治教育工作带来了更多的困难和更艰巨的任务。

5.3　青少年网络人格中的行为越轨及防范

行为越轨是行为社会学研究领域中一个十分重要的概念。青少年互联网生活中虚拟的活动主体身份和虚拟的活动环境，为青

少年网络行为越轨的产生提供了更多方便，如网络欺诈、网络谣言、网络暴力等。青少年网络行为越轨是青少年网络人格动力结构中行动力失衡的必然结果。重视青少年健康成长，就必须重视对青少年网络越轨行为的有效防控和救治。

5.3.1　青少年网络行为越轨

越轨是一个重要的社会学概念。美国社会学家杰克·D·道格拉斯在他的《越轨社会学概论》中是这样给"越轨"定义的："某一社会集体成员判定是违反其准则或价值观念的任何思想、感受或行动"[①]，并强调，越轨所"赋予行为的意义和对行为所做的判断是异质的、是冲突的根源，而不是同质的，不是为人们普遍公认的"。[②] 简单地说，越轨就是对公认的社会规范的背离或违反。依据道格拉斯的解释，越轨既包括行为越轨，也包括认识越轨。其中行为越轨主要有属于暴力范畴的人身攻击行为、恐怖主义行为，以及属于诚实范畴的偷盗、欺诈、说谎等；认识越轨有奇异的迷信、邪教以及其他信仰方面的问题等。我们将越轨引入青少

[①] 杰克·D·道格拉斯.越轨社会学概论 [M].张宁，朱欣民，译.武汉：湖北人民出版社，1987：30.

[②] 杰克·D·道格拉斯.越轨社会学概论 [M].张宁，朱欣民，译.武汉：湖北人民出版社，1987：30.

年网络人格研究，对我们规范青少年网络行为，利用网络技术强化青少年理想信仰教育，促进青少年网络文明建设，预防青少年网络犯罪等，都有着十分重要的意义。

首先，青少年网络行为越轨表现为少数青少年的网络政治参与中的行为越轨。互联网是开放、多元、隐匿、无界限的，各种信息纷繁复杂，各种社会思潮、各种思想观点，通过各种手段都可以在网络上得到相对比较自由的传播。但是，青少年由于自身的政治觉悟和理论水平还有一定的局限，还很难认清哪些是经过伪装、美化包装的错误思潮、理论，于是在一些网络社区发表一些过激言论，在 BBS、博客、QQ 空间等社交媒体软件上发帖、转帖传播一些错误信息、思想、观点，甚至对一些政治谣言推波助澜等。比如2009年新疆"7·15"事件期间的民族分裂主义言论、2012年人大会期间的一些政治谣言以及一些西方支持的反动网站长期以来攻击和丑化我国社会主义制度的思想观点等，就明显地出现在一些青少年的跟帖、转帖中。

其次，青少年网络行为越轨表现为少数青少年的"网络暴力"行为。青少年"网络暴力"主要是指青少年通过网络手段对他人、组织或社会团体所实施的一些网络攻击行为。如在网络人际交往中用一些恶意语言或网络符号对他人、组织或社会团体进行挖苦、讥讽、嘲笑，甚至人身攻击，严重的可能是用一些未经核

实、甚至是故意捏造的事实在网络上恶意传播，损害、诋毁、污蔑他人、组织或社会团体的荣誉；以获取非法利益为目的窃取他人、企业、组织或社会团体的隐私信息，严重的甚至对它们实施"黑客攻击"，致使他人、企业、组织或社会团体遭受严重经济损失，网络安全受到严重的挑战。

最后，青少年网络行为越轨还表现为少数青少年在网上实施一些有违社会公德的行为或传播一些与社会道德伦理相背离的信息等，少数青少年甚至在其他黑恶势力的引诱下，利用网络手段实施网络犯罪行为。如在网上制作、传播一些带有色情内容的不雅照片、图片、视频，用 PS 手段搞恶作剧，传播封建迷信，宣扬暴力，利用网络手段贩卖毒品、人口，组织黑恶社会团伙，介绍、组织卖淫嫖娼等。

总之，在互联网技术飞速发展的今天，青少年网络行为越轨已成为一个越来越突出的社会问题。但是，互联网技术毕竟是20世纪末才得到广泛应用的一种人类高新技术，人们对互联网社区、互联网生活方式、互联网文化的研究才刚刚起步，网络行为规范和网络道德规范体系尚未建立起来，人们对网络越轨行为判定的标准还存在着很多的分歧，这为我们深入研究青少年网络行为越轨带来许多困难。因此，对青少年网络越轨行为的研究，必须要引起全社会的关注，尤其是要引起广大青少年网络思想政治教育工作者的积极参与。

5.3.2　青少年网络行为越轨的防范

预防青少年网络行为越轨，有两个层面的意思：首先，指在青少年网络行为尚未发生性质恶化前对其进行预防；其次，指在青少年网络越轨行为已经发生之后，为了防止其再度或多次发生，重蹈覆辙而进行预防。青少年网络行为越轨的发生，除了与互联网自身的特点有关外，还与学校、家庭、社会教育环境的功能缺失有直接或间接的联系。因此，要真正做到对青少年网络行为越轨进行有效的预防和纠正，就必须从以下几个方面入手：

第一，要加大对青少年的理想教育、道德教育、法制教育和心理健康教育的力度。一方面，我们曾经指出过，理想是青少年人格的灵魂，它对青少年的道德、行为、情感、兴趣等起着重要的导向作用；另一方面，我们还强调过，青少年网络行为越轨首先就表现为网络政治参与中的行为越轨。因此，要培养青少年文明健康的网络行为，首要的就是要通过各种资源和手段、特别是利用丰富的互联网资源和手段，向青少年开展行之有效的理想道德教育，帮助他们树立正确的政治观念，提高政治觉悟，坚持中国特色社会主义共同理想，巩固实现共产主义远大理想，使他们在面对互联网上各种纷繁复杂的思想意识和社会思潮时，能明辨

是非，旗帜鲜明地坚决抵制互联网和现实生活中那些对国家、对民族、对人民、对社会主义制度不利的错误言行，做一个有理想、有道德、有文化、有纪律的社会主义事业的建设者和接班人。

第二，构建一个学校—家庭—社会紧密联系、互相补充的青少年网络思想政治教育体系，对青少年网络行为进行科学和行之有效的教育、监督、管理。学校是青少年教育的主体，是青少年学习和成长的主要场所。尽管青少年的网络行为并不主要发生在校园，但是老师、同学在了解青少年网上活动和网络行为方面有更多的优势，因此学校的教育、监督、管理也最为有效；家庭是青少年日常生活的主要场所，其网络生活和网络行为也主要发生在家庭中。父母与青少年子女之间有着天然的亲密关系，家长对子女的监管也更为有效。但是，由于年龄的差异，青少年的网络行为与父母对子女现实行为的要求之间存在着许多的差距甚至代沟，家庭教育容易导致青少年产生逆反心理。因此，父母必须学会利用互联网技术，了解青少年的网络心理、网络行为，才能对青少年的网络行为越轨现象采取行之有效的监督管理。社会网吧是青少年发生触网行为却又缺少有效监管的场所，这些场所的上网人员成分复杂，经常发生各种违法犯罪行为。它对青少年网络越轨行为不仅得不到有效的遏制，相反，还会使青少年的网络越轨行为得到强化。因此社会必须加强对网吧、游戏厅等其他网络场所的有效监管，对各种违法行为加大处罚力度，杜绝利用网络对青少年实施网络违法、网络犯罪行为。

第三，要加强网络文化建设，开拓网络资源，制定有效管理互联网的法律法规。如创建各种形式的红色、特色网站，无偿提供代表先进文化发展方向、反映社会主流价值的优秀作品、经典文献，重要的图书、图片、视频资料，加大对英雄人物、道德榜样、劳动模范等社会优秀人士的宣传力度，为提高青少年的道德觉悟、改进青少年的行为规范，树立良好的正面示范。

第四，要历史地、辩证地正确看待青少年网络行为中新出现的一些所谓"异质"的越轨行为。杰克•D•道格拉斯在他的《越轨社会学概论》中指出，越轨是一个与社会文化有关的概念，越轨行为刚出现时只能以"亚文化"的形态出现，但是随着时间的推移和社会的进化，一些过去不能被社会成员普遍接受的行为，后来慢慢地被越来越多的人接受，甚至可能被吸纳到主流文化的层面中去。因此从这个意义上说，"越轨是一种社会创新"①。互联网作为一种新的社会力量，它对社会的发展和进步所表现出来的积极意义被社会民众接受，也经历了从最初反对到被怀疑，再到初步接受，最后是广大社会成员积极参与的这样一个过程。所以，青

---

① 杰克•D•道格拉斯.越轨社会学概论 [M].张宁，朱欣民，译.武汉：湖北人民出版社，1987：180.

少年网络行为中新出现的一些所谓"异质"的越轨行为也存在着这种现象。比如网络游戏中的"电子竞技"。下面是一则2013年6月2日来自凤凰网上的新闻报道：

知名电竞人口述十年行业记忆：从量变到质变

10年前，国人很难将奥运火炬手、国家队、月收入上百万与电竞联系在一起。如今，电竞已从小众项目成为整个社会的谈资。全球通吃的电竞项目LOL的出现，加速了这种改变，令中国电竞迎来千载难逢的产业化契机。

WE的LOL队长×××（若风）——一位90后大学生的电竞历程，显示了社会对于电竞的看法已悄然改变。若风成为职业选手是他考入湖南大众传媒学院一年后，WE的邀约令他在学业与成为职业电竞选手之间犹豫不决。

幸运的是，若风所在的电脑传媒系的范老师对他的理想予以大力支持，为他与校领导做了大量沟通、协调工作，批准了他的长假。在此期间，若风的父母并没有施加压力，同样支持他。

"父母的支持跟电竞环境变化有关系。电竞的曝光增加了，他们会觉得比较正规，就不像以前那样担心了。"若风说，"父母不会玩LOL，但是会看我的比赛，知道我的打法、我用的英雄，还懂得很多 LOL 术语，他们都很理解我。"

现担任 LACE（LOL 职业俱乐部联盟）负责人的李君，在 10 年前也曾是一名 FIFA 国手。他告诉记者，近两年电竞环境变化之大，与以往不可同日而语，包括选手的曝光度、训练环境、俱乐部的赞助、粉丝数量等。

"前不久 IG 战队的一个选手在北京吃个烧烤、看场电影都被认出来了，这在以前几乎不可能。以前跟 xiaoT 他们打 CEG 就是在网吧里训练，连包厢都没有，偶尔有几个学生会过来看看。现在粉丝的热情简直让人 Hold 不住啊！"他说。

据记者了解，LOL 职业俱乐部为了保证训练环境，都专门租赁别墅作为场地。俱乐部的冠名赞助达到了百万元，最高的能达到数百万元。除了赞助金额，赞助商的数量也在增加。①

笔者在 2013 年 2 月寒假期间采访若风时，得知他已代表国家参加了 3 次世界电子竞技比赛，为祖国赢得了一些荣誉，也为自己的成长带来了许多新的改变。也许，若风与李君的成功暂时还不具备广泛的代表性。但是，网络游戏从过去是人们诟病的对象，到今天已成为国民经济的一项产业，若风、李君他们从过去

----

① http://games.ifeng.com/yejiehangqing/detail_2013_05/29/25848756_0.shtml.

的网络游戏爱好者，到今天成为代表国家参加世界电子竞技比赛的优秀队员的嬗变，给我们的家长、学校乃至整个社会带来了一些新的思考与启示，这就是：我们在对待某些所谓"异质"的青少年网络越轨行为时，需要采取历史、客观、辩证的态度。

总之，预防和纠正青少年网络行为越轨是一个庞大复杂的系统工程，学校、家庭、社会各有其独特的优势，也有其自身的局限与不足，构建一个完善的学校—家庭—社会教育管理体系，需要全社会的共同努力。纠正青少年网络行为越轨，既有青少年思想政治教育者的责任，也有学校、家庭、社会相关管理部门的责任，甚至还需要人们有正确对待青少年网络越轨行为的认识和态度等。

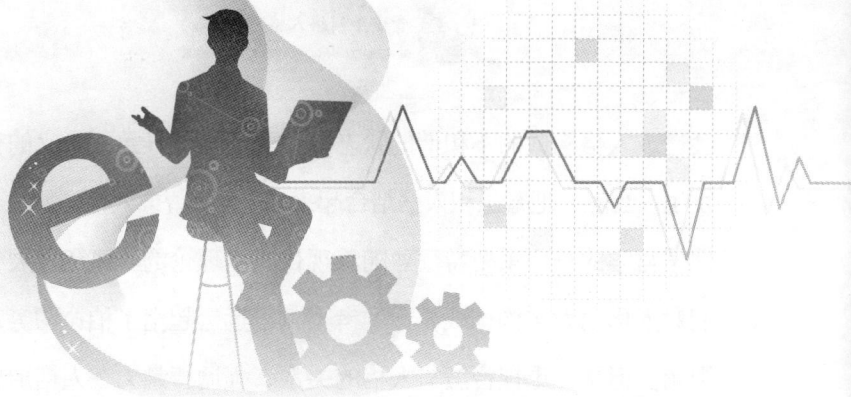

第6章 青少年网络人格动力结构中的智慧力

　　柏拉图在他的《理想国》中指出，个人人格与一个国家的品格一样，也是由智慧、勇敢、节制、正义四要素构成的，它们"合在一起加以协调，仿佛将高音、低音、中音以及其间的各音阶合在一起加以协调那样，指导这种和谐状态的知识是智慧，而把只起破坏这种状态作用的行为称作不正义的行为，把指导不和谐状态的意见称作愚昧无知"。① 很明显，在柏拉图的人格思想中，智慧是和高尚的人格密切相连的，健全的人格和正义的行为是以人们的智慧为指导的；愚昧无知指导下的勇敢、节制等，不仅可能

---

① 柏拉图 . 理想国 [M]. 北京：商务印书馆，1986：172.

会造成人格构成的不和谐的状态，甚至还可能导致不正义的行为发生。当然，把智慧和人格结合起来①，提倡智慧人格，是古希腊理性哲学的一个重要特征。随着现代人格理论的丰富和发展，人们对人格动力结构构成要素的考察，已远远超出了柏拉图等人的视角。但是，重视智慧与人格的关系，强调智慧力在人格形成和发展中的重要作用等，仍然闪烁着古代先哲睿智的光辉。

6.1　智慧与青少年的人格魅力

智慧因素在青少年人格系统中占据十分重要的地位。追求真理、摒弃谬误，需要智慧；向善向美，培养高尚的道德情操也需要智慧。人们智慧、能力的获取，除了先天的遗传基础外，重要的是还需要后天更努力的学习与更多的实践。

6.1.1　智慧与人格

智慧是一个与智力相联系的概念。那么究竟什么是智力呢？法国心理学家比奈认为智力是一种判断能力，创造的能力，适应环境的能力；美国心理学家桑戴克认为：智力是从事实向真理方面着眼的适当反应的能力。我国心理学家朱智贤认为智力是人的

---

① 向培风.智慧人格——苏格拉底、柏拉图、亚里斯多德 [M].武汉：长江文艺出版社，1996：6.

个性特点，是偏于认识方面的特点，它包括三个方面：一是个人的感知、记忆能力或才能；二是个人的抽象概括能力或才能；三是独立解决问题的能力或才能。我国心理学家吴天敏认为：智力是脑神经活动的针对性、广阔性、深入性和灵活性在任何一项神经活动和由它引起并与它相互作用的意识性的心理活动中的协调反映。可见，智力是指人的综合能力，是指人的认识和行动所达到的水平，是保证人们有效地进行认识活动和改造客观世界的实践活动并间接地适应环境的那些心理特点的有机综合。换句话说：智力就是在人认识问题和解决问题的活动中保证以最优的方式方法达到最佳效果的那些心理特征的综合。

关于智慧的定义，有着许多不同的争论。在现代汉语中，把智慧解释为"对事物能认识、辨析、判断处理和发明创造的能力"。[①] 也有的强调，智慧是由智力、知识、方法与技能，以及非智力因素中的观念、思想、审美、评价等多个子系统构成的复杂系统。它既包括遗传智慧与获得智慧、生理机能与心理机能、直观与思维，也包括情感与理性、道德与美感、智力与非智力等众多要素。在维基百科中的解释是：智慧是高等生物所具有的基于神经器官(物质基础)的一种高级综合能力，包含有感知、知识、

---

① 夏征农，陈至立.辞海（第六版，彩图本）[M].上海：上海辞书出版社，2009：2955.

记忆、理解、联想、情感、逻辑、辨别、判断等多种能力。智慧让人可以深刻地理解人、事、物、社会、宇宙、现状、过去、将来，拥有思考、分析、探求真理的能力。[①]

通过对上述解释的分析，我们发现，尽管人们对智慧的含义有着许多的解释，但是将智慧与智力相联系，强调智慧构成中的知识、技能等因素，是它们的共同特点。因此，我们可以对智慧做这样的解释：智慧是与人们的智力、知识、技能等因素相联系，体现人们观察、分析和处理各种事务的一种综合性能力。由于智慧与智力、能力等因素的密切关联性，所以某种意义上，我们也可以称其为智慧力。智慧力特别强调智力在智慧中的核心地位，因此，也有的把智力和智慧不做严格的区分。

青少年智慧的结构是一个复杂的体系，美国心理学家吉尔福特曾经提出一个智慧结构的三维模型，如图6-1所示。

图6-1表明，吉尔福特智慧结构包括内容、产品、操作三个维度。智力活动就是客观对象（即内容）在人头脑里加工（即操作）产生知识（即产品）的过程。智力的操作过程包括评价、聚合思维、发散思维、记忆、认知五个因素；智力加工的内容包括图形、符号、语义、行为四个因素；智力加工的产物包括单元、类别、关系、系统、转换、蕴含六个因素。这样，智慧便由 $4 \times 6 \times 5 = 120$ 种基

---

① 维基百科：http://zh.wikipedia.org/wiki/%E6%99%BA%E6%85%A7.

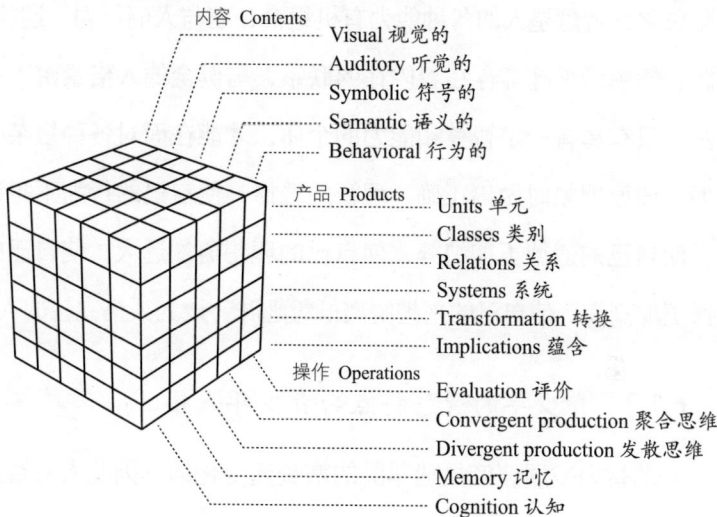

内容 Contents
— Visual 视觉的
— Auditory 听觉的
— Symbolic 符号的
— Semantic 语义的
— Behavioral 行为的

产品 Products
— Units 单元
— Classes 类别
— Relations 关系
— Systems 系统
— Transformation 转换
— Implications 蕴含

操作 Operations
— Evaluation 评价
— Convergent production 聚合思维
— Divergent production 发散思维
— Memory 记忆
— Cognition 认知

图6-1 吉尔福特智慧结构模型 [①]

本能力构成。吉尔福特的智慧结构不仅提出了能力组成的多样性，而且强调了能力结构的有序性。因此，北京大学孟昭兰认为，"吉尔福特的智慧结构理论在对能力的解释上是很成功的"，它"使我们对能力的本质有了更多的了解，尤其为合理地设计各种能力检验以及科学而有效地制定培养能力的方法、内容和原则提供了重要依据"。[②]

[①] 根据孟昭兰：《普通心理学》，北京大学出版社，1994年版第449页图绘制，文字稍有改动。

[②] 孟昭兰.普通心理学[M].北京：北京大学出版社，1994：449.

总之，智慧是人的各种能力有机组合，它与人们行为、道德、理想、情感、兴趣等存在着内在的联系，与健全的人格紧密不可分割。只有具有一定智慧和能力的个体，才能在面对各种复杂的行为、道德现象时做出正确、理智的选择，使自己的行为不犯错误，使自己的道德更加纯粹，使自己的理想更加远大，使自己的情操更加高尚，使自己的兴趣脱离低级趣味，成为人格完善的人。

6.1.2 青少年的智慧特点与青少年人格

人的智力发展速度是随年龄的增长而变化的，因此人的智慧力也会呈现出一定阶段性的特点。研究表明：从出生到16岁间智力发展最快，大约在22岁到35岁，智力的发展达到顶峰水平，之后以相近的速率缓慢下降，但不会出现比较明显的衰退，除非到了生命最终的年头[1]。

根据吉尔福特智慧结构图，青少年的智慧结构是非常复杂的，它总共包括120种能力，因此，我们对青少年的智慧力特点无法做出各自的描述，在这里，仅选取两种最有代表性的能力，即青少年的观察力、记忆力两个因素来加以分析，希望能达到"窥一斑而见全豹"的目的。

首先是青少年观察能力的特点。与儿童时代相比，青少年

---

① 孟昭兰.普通心理学 [M].北京：北京大学出版社，1994：449.

158

观察力的目的性、自觉性发展迅速。如初一阶段的学生观察事物常常由老师或家长规定任务，而到了高中生阶段，他们却可以根据所学学科的要求主动自觉地观察和寻找新的材料，大学生则更自觉。他们可以自觉地去进行一些社会调查，观察其中的人和事等，有的甚至连续几年观察某事或某个人，以便找出规律性的东西和特点；观察的持久性有很大发展。观察的持久性随年龄的增长而提高，随对观察任务和意义的理解而发展。观察的持久性以有意注意维持时间的长短为指标。一般地，初中学生的持续观察能力在1小时以内，高中学生在2小时以内，而大学生则常常可以在实验室连续观察若干小时以至更长时间；青少年随年龄的增长，对有关对象观察的仔细程度大大提高；青少年基本具有了一定的观察概括能力，会在观察中找出事物的共同点与区别及事物之间的联系，而不是孤立地、单个地感知这些现象。

其次是青少年的记忆力特点。记忆是过去的经验在人脑中的反映。人脑感知过的事物，思考过的问题和理论，体验过的情绪和练习过的动作，都可以成为记忆的内容。记忆作为复杂的心理过程，包括识记、保持、再认或回忆三个基本环节。记忆力水平的高低主要表现在记忆的选择性、敏捷性、持久性、准确性、容量和准备性等方面。记忆力是人的智力结构中一个重要组成部分。它是智力结构的储存器，可以为各种智力的开展和进行提供加工原料。青少年的记忆力发展处于人的一生中发展的最佳时期。在这个时期，无论是记忆的深度、广度还是记忆的形式、内容都有了较高水平的发展。他们不再像儿童时期那样以机械识记为主，而是以意义识记逐渐占主导地位。他们在学习和认识事物时，不再只是注重事物的外部特征以及事物之间的外部联系，而是注重事物内部的逻辑关系。他们不仅能有意识地向自己提出识记的目的和任务，同时还能自觉地支配自己的记忆活动，使之有意义、有计划并服从于一定的目的和任务等。

总之，青少年观察能力和青少年识记能力的提高对他们的成长有着十分重要的意义。例如，有的青少年立志将来要成为一名外交家，那么他就会在日常生活和学习中，仔细观察成为一个优秀的外交家所必须具备的基本素质和要求，并根据这些要求去有意识地学习外语，向自己提出识记计划和目的。所以青少年观察力和记忆力的提高，对青少年树立正确理想、提高学习兴趣、明确学习目的也有重大的意义。

6.2 网络手段与青少年智慧的获取

青少年网络人格动力结构中的智慧力主要是指网络信息资源和网络技术平台对青少年智力开发、知识获取、技能培养的影响

作用。网络手段不仅改变了青少年获取知识的方式，丰富了所学知识的内容，其更大的意义是带来人类学习的革命，即形成了以互动性学习、自主性学习、创新性学习、娱乐性学习、终身学习等为主要特征的现代学习模式。

6.2.1　网络手段改变了青少年获取知识的方式

以网络技术为标志的信息化时代，不仅带来了政治、经济和社会发展的深刻变化，而且也带来了青少年知识学习方式和获取渠道的巨大变革。这些变化主要体现在以下几个方面：

第一，使以往传统的线性学习转变为多维度的学习。传统的学习方式是线性的，人们学习知识主要通过对纸质书籍从开始的序言阅读学习至最后的结语、附录等线性流程来实现的。所有教科书，哪怕是后来出现的一些电视节目和教学录像带等媒体学习资料，其设计规程也是遵循这种从开始到最后的线性流程。到了互联网时代，人们可以在不同的网站搜索查找相关的知识，也可以进入不同的网站搜寻、下载相同的资料。人们在上网漫游时可以同时参与许多活动，如一边听音乐，一边玩电子游戏，一会儿网上聊天，一会儿搜查信息，等等。在网上，人们更习惯于从面上查找资料，获取学习知识。

第二，使以往传统的单向学习转变为互动学习。在传统教育体制下，学校教师承担的角色基本上还是"传道、授业、解惑"，教师代表着知识中的"绝对权威"，学生与教师的关系基本上就是一种"教授—接受"的单向学习活动。但是，在网络环境中，学生能与教师共享信息知识资源，网络部分地取代了教师的作用，学生也转变了被动的角色。学习变成了一种互动式的学习，即学生可以向老师学习，老师也可以向学生学习，师生之间也可以互相学习。他们可以在互联网上就某一教学内容向自己欣赏的老师请教，以求得指导。学生也可以与老师就某个问题互相辩论，彼此探讨，真正实现学习过程中的精心合作、互相沟通。

第三，使以往传统的被动学习转变为自主学习。传统的教学模式中虽然也提出因材施教，但总体来说对学生的个体差异的重视是不够的，比如无论学生的学习基础、智力水平、兴趣爱好、性格特长等多么不同，所采用的教材是统一的，老师讲授的内容是统一的，学习的进度统一，教学的过程和要求是统一的。在网络条件下，学生可以根据自己的实际情况，如基础知识、兴趣爱好、认知模式等，与老师共同设计出或者在老师指导下自己设计出所要学和所想学的课程，在学习中还可根据计算机的反馈，自主地决定学习的步骤和进度，并主动地获取、选择、吸收所应学得的知识，形成高度的个人化学习经验，充分体现学生在学习中的主体地位，实现由传统的被动学习向自主学习转变。

第四，由指令性学习转变为指导性学习。传统教育多半倾向以老师为中心，而不是学生。老师的专业背景决定了教师所讲、所教的内容是一种指令，学生只能被动地、机械地遵循教师的指令学习。在网络社会中，教师不再是指令的传播者，而是学生学习的指导者和协助者；教师让学习者自行去获取知识，建构自己的知识框架。教师虽然拥有足够多的专业知识和时间，但主要任务却是给学生以专业知识指导的前提下，帮助解决学生学习时遇到的一些学习障碍和心理障碍。

第五，由维持性学习转变为创新性学习。概括起来学习可以分为两种形式：一种是维持性学习或适应性学习，它的作用是人们凭借已有的知识和经验来分析解决当前已经发生的问题，它强调的是帮助人们"学会"；另一种是创新性学习或称自主创新性学习，它的作用则在于掌握已有知识和经验的基础，并对此进行分析、综合、抽象、概括，不断地发现和吸收新知识、新信息，提出新问题，以迎接和处理未来的新变化，是使人们"会学"。在以往传统社会中，科技进步和知识更新的速度相对缓慢，人们习惯于用过去已有的知识来解决现存的各种问题，即一种以"维持性学习"为主的模式。而在网络社会，网络技术强化了已有的知识分类，知识的容量极其巨大，知识的更新极其快速，人们能够接触到比以往更新、更多的知识，不仅内容丰富，而且费用也更为低廉。因此，人们选择和有效利用知识和信息的技能变得日益重要。在互联网时代，人们必须学会选择相关的信息，忽视不相关信息，并通过创造性思维，创造出前所未有的新知识、新见解、新思维、新方法。

第六，由痛苦性学习转变为娱乐性学习。在以应试为本位的教学体制下，人们的学习的确是一个痛苦的过程。不仅学习内容固定僵化，而且学习过程单调，学习负担重，考试压力大。在互联网时代，学习越来越成为学生主动追寻的乐趣，越来越成为一种多姿多彩的生活方式。将来也许只要有一台与光缆相连或接收卫星信号的网络电脑，就可以在学校里、家里、办公室里、汽车里，甚至在游泳池里学习。更为显著的是，学生们可以通过游戏软件来学习或通过创造游戏来达到学习的目的。

第七，由阶段性学习转变为终身化学习。按照传统的思想观念，人生可分为"学习"和"就业"两个阶段。一般而言，人们的学习时间顺序是从幼儿园到小学、中学，再到大学。读完大学后，学到一些基本技能，包括技艺和专业，但学习的过程也基本结束。后面的挑战就只剩下在自己这一行继续发展。在网络社会，知识更新的周期、频率加快，我们以往在学校学到的某些知识也许刚毕业就被更新了，因此，如果忽视以后的学习，就不可能跟上时代的步伐，就有可能被社会激烈的竞争淘汰。因此，网

络时代已使终身学习成为无法回避的事实。

6.2.2 网络资源丰富了青少年所获取的知识内容

如果说网络手段在青少年获取知识的手段方面发生了许多根本性的变革，那么互联网信息资源的广博精深，使青少年获取知识的内容得到了极大的丰富。网络资源是一种百科全书式的资源，它包括社会经济、政治、教育、生活等各个方面的信息。它将地球上的不同地域之间的距离缩短为零，使以往接受知识的"滞后现象"得到了根本性的改变，降低了学习成本，节约了学习时间。青少年对网络学习资源的正确利用，将使青少年的网络智慧力获得极大的提高。这主要表现在：

第一，互联网信息资源的丰富性极大地开阔了青少年的知识视野。与青少年课堂知识、书本知识的相对有限性相比，互联网信息资源异常丰富，迄今为止，几乎人类所创造的知识的各个领域、各个方面，在互联网上都能够通过谷歌、搜狐、百度等中外搜索工具，找到相关的信息内容或介绍。与过去任何时代人类个人所掌握的知识资源相比，所谓的"学富五车"在今天恐怕只需一个小小的U盘就远远超过其知识的储存量，而"秀才不出门，能知天下事"的美好愿望，也只有在互联网时代才能真正地做到。在互联网时代，所谓专业人才的知识优势越来越多地受到互联网的挑战，而知识向更多学科的延展、扩散与渗透，已成为现代科学发展的一种必然趋势，文、理、医、工、农等学科的分类学术边界的壁垒正在逐步地消隐。正是在这样的背景下，现代青少年知识的广博性获得了极大的强化，知识视野更加开阔。

第二，互联网信息资源的便捷性极大地促进了青少年知识的纵深发展。在互联网技术普及以前，人们对某些专题类知识的获取需要极强的专业知识储备，只有经过长期的专业知识学习并经历专门的文献检索训练，才能完成如此类似的工作，而且耗时、费力。但是，在互联网时代，由于互联网信息资源是一种开放、共享的信息资源，根本不需要通过专门的文献训练，只需要通过简单的"关键词条"搜索，就能查找到非常丰富的相关信息，再通过简单的复制、下载等手段，对相关内容的资料进行归类整理，就能形成专题性的知识资料。这种方法为今天我们所倡导的青少年研究性学习方法提供了极大的便利与可能，为培养青少年的动手操作能力、思维概括能力等提供了良好的条件，有利于青少年所掌握的知识向更加纵深的方向发展。

第三，互联网信息资源的即时更新极大地促进了青少年了解和掌握知识信息的时效。互联网技术的开放、即时性等特点，保证了互联网资源的即时更新。比如我们只要在"百度"中输入任何一个词条，它就会弹出"××××的最新相关信息"的提示。以往

知识信息更新的方式主要通过书籍、刊物的出版发行等手段实现。书籍是最好的知识载体，它容量大，系统性强，准确性高，但是更新周期慢，一部书籍的出版，在过去往往是以年度甚至更长的时间周期来计算其周期的；刊物相对书籍而言，虽然其容量、系统、准确性不如后者，但其更新的时效性要超过后者，刊物的发行一般是以季刊或月刊的形式来更新的，更新最快的《文摘旬刊》《半月谈》等的出版周期也要十天、半个月。自20世纪70年代以来，以报纸、广播和电视等为手段的现代传媒，极大地加快了知识信息的传播速度，它可以使知识和信息的更新速度缩短到以天、时来计算，但它与互联网时代的知识和信息更新的速度相比，还是较慢，而且互联网时代的知识信息具有极大的综合性，即我们通过搜索，可以同时获得相关信息的书籍、刊物、报纸、声音视频等媒体资料，避免以往通过单一渠道获得知识与信息的局限性。

第四，互联网信息资源的超时空特点有利于激发青少年的思维创新能力。与以往的学习不同，在网络环境中，青少年的学习和实践活动将从现实的物质空间延伸到虚拟空间。在这个空间里，网络文化不仅前所未有地拓展了人类知识和实践活动的范围，提供了人类文化发展的新空间，而且极大地延展了人们的交往领域。全球的信息网络连通了世界各地的人们，在网络平台上出现了跨国家、跨时空、跨民族文化传统的大交流。互联网文化的共享性特征，已将文化作为一种无形资产瞬间扩散到各地，使青少年的想象力、创造力得到空前的自由发挥。青少年在一种新型的交往、交流中，更容易产生一种新型的精神理解，达到了"文化增值"，从而更能激发青少年创新知识和探索未知的欲望，摆脱青少年对知识权威的从众心理，更有利于发挥他们的创造性。

总之，在互联网时代，不仅青少年获取知识的方式更便捷了，而且青少年获得的知识更丰富、更系统，而且也更有实效和综合性，它对开阔青少年知识视野，培养青少年概括和运用知识的能力有着十分重要的促进意义。

6.3　网络环境下的学习革命与需要革命的学习

网络环境下形成的互动性学习、自主性学习、创新性学习、娱乐性学习、终身学习等现代学习模式，体现了人类学习模式的革命性变革，但是互联网条件下网络信息的多元化、网络方式的开放性等特点，可能会给青少年的学习造成了一些不利的影响。如对网络信息的过度依赖、对网络知识真假的辨别以及学习时间的安排、学习态度的调整等困惑。因此，正确利用网络资源，客观辩证看待网络智慧力，对于完善青少年网络人格动力结构，培育青少年健康网络人格，需要进行一场更加广泛意义的学习革

命。为此，我们必须对网络学习手段的局限性和改进利用网络学习平台的主要措施加以深入的探讨。

6.3.1　正确认识网络学习手段的局限性

我们常说互联网技术对人类社会的作用，就好像一把两面都锋利的双刃剑，它既可能成为我们的朋友，使我们在获取知识的道路上获得最高速、最便捷的通道；它也可能成为伤害我们的"敌人"，使我们受蒙蔽，让我们受伤害。同样，互联网在青少年网络学习和知识能力培养问题上，除了我们上述讨论的两个主要方面、总共十余个小的方面的积极作用外，它也存在着如下几个方面的消极作用。

第一，学习时间方面的困惑。在网络条件下，网络搜索的确极大地缩短了青少年在书店、图书馆、档案馆等其他场所查阅、获取知识的时间，但是它也可能导致青少年在纷繁复杂、众说不一、真假难辨的信息面前茫然不知所措，于是反复搜索，重复查阅，无端地空耗时间，同时会加重人们的心理负担和时间危机感。很多青少年认为互联网使得他们每日在充满了家庭作业、课外活动、家庭责任和交友的忙碌生活中，又增加了一个耗时的活动。笔者曾在与××中学一名高中二年级学生的交谈中了解到，该生把上网学习比喻成在"高速公路上坐车"。他说：沿着信息高速公路引导的方向走过了一个个地方，然而有时到了站也不知道下车。网络世界实在太大了。有时你在行走的路上会意外发现一些令你着迷的信息，使你流连忘返，甚至忘记了自己最初要寻找的东西。当然，该中学生的情况还算比较好的，据他的老师、同学和家长反映，他在网络游戏和网络聊天方面极有节制。

第二，学习态度方面的危机。建立明确的学习目标和端正正确的学习态度，是青少年进行学习活动的重要前提，是提高学习积极性、自觉性和效益的关键。互联网的虚拟性、平等性和自由性，一方面有利于扩大青少年的知识面，提高青少年的学习效率和学习积极性；另一方面，互联网的虚拟性和多元性、不确定性，也容易模糊青少年的学习目标，影响他们的学习态度和学习方法。比如有些青少年完全不顾学校课堂学习，而整天沉溺于网络世界中，甚至染上"网络综合征"；有些青少年轻视老师、家长的指导，完全凭借自己的兴趣、偏爱和喜好在网上随意"冲浪"；有些青少年完全忽略专业和基础知识的学习，总是喜欢在网上猎取刺激有趣而常常又是不健康的信息，如迷信、色情、暴力、凶杀等庸俗化和灰色化信息。在这些信息的影响下，有少数青少年放纵、甚至几近放弃自己的学业，整天泡在网上游戏、聊天，沉醉于"网恋"不能自拔等。这些现象对青少年的学习态度产生了极大的危害，不利于青少年的健康成长。

第三，学习方法方面的影响。学习方法是学习过程中的核心问题。科学的学习方法不仅有助于人们在学习活动中少走弯路，而且有利于培养各种学习能力，提高学习效率，促进人们学有所成。在互联网条件下，正确的、错误的、健康的、不健康的、有用的、无用的等各种信息五花八门，丰富多彩。这些信息往往需要学习者能够自主并客观地辨别、选择和利用，而这本身就是学习方法问题。但是，对于青少年而言，由于受他们自身的知识甄别能力和学习专注度的影响，常常待在电脑旁，盯着五彩缤纷的屏幕，大段大段的时间悄然流逝，回头一想却没做什么事情，甚至比不用计算机效率还低。有些青少年常常发现在网上寻找相关信息知识的效率，甚至比在图书馆还差，于是学习方法的危机感开始出现。随着这种现象的不断重复，最终可能会使部分青少年在网络学习中出现所谓的"信息焦虑症"，影响青少年学习方法的改进与提高。

第四，学习机会方面的不公。在网络社会，数字化区隔和信息鸿沟的产生，与贫富差距的形成有密切的关联。在青少年中，来自较高收入家庭的成员的子女可以在网络上取得很好的学习机会和多样化的网络服务，他们的学习动机、技能及知识等，能得到不断的强化和激励；来自较低收入阶层成员的子女，特别是一些贫困山区的青少年，他们常常付不起相当昂贵的电脑购置费及上网费用，有的甚至极少接触或看见电脑，更不用说上互联网了，学习机会存在着严重的差异。

总之，互联网给青少年学习带来的并不全都是积极有益的作用，同样也存在着许多消极和不足的方面，对于这些消极不利的因素，我们必须加以重视。

6.3.2 改进利用网络学习平台的主要措施

在互联网中，网络知识平台虽然给青少年知识的积累和能力培养带来了许多的便利条件，但同时也使青少年在丰富自己的知识、发展自己的能力方面存在着许多不足，如以上谈到的学习时间、学习态度、学习方法和学习公平方面的问题。为此，我们需要通过以下措施加以改进：

第一，要帮助青少年树立明确的学习目的。学习目的是影响青少年学习态度与动机的重要因素。目标明确的学习目的，可以使青少年在艰苦的学习条件和困难的学习环境中始终坚持一种乐观、积极进取的学习态度，能够不断地鼓励自己克服学习中的各种困难，排除学习中的各种不利因素。相反，学习目的不够明确，学习的态度就会涣散，学习中就不会有奋发进取的动力。特别是在信息时代，青少年由于自我约束能力较差，互联网资源中给青少年带来困惑和诱惑的信息内容繁多，学习目的不明确的青

少年在这种困惑和诱惑面前最容易失去学习的目标和动力，最终迷失自我，自暴自弃。因此，学校、家庭、社会必须重视青少年的理想道德教育，通过各种手段，特别是有效利用互联网，帮助青少年培养远大的理想目标，明确学习目的，使他们在面对各种复杂的环境时，仍然坚持昂扬、进取的学习精神，增强克服困难的勇气和毅力。

第二，要帮助青少年树立谦虚求实的学习态度。青少年是伴随着新科技成长的年青一代，他们比父母、老师能更娴熟地使用电脑，这对促进他们学习的积极性、自主性的提高有十分重要的激励作用。但同时，也会在一定程度上增长他们骄傲自满的情绪。有些青少年根本无视老师和家长的指导与教诲，常常我行我素，一知半解，最终知之甚少，甚至一无所得。针对这种情况，我们必须告诫他们，在网络技术上，老师和家长也许不如学生，但在专业知识、基础功底、学习方法和为人处事等方面，老师和家长仍然是青少年的导航者，在许多方面有比较优势；要让他们认识到，在网络时代，一个人的知识的相对性与局限性将更加突出，只有保持谦虚求实的学习态度，才有可能博采众人之长来补己之短。青少年不仅要善于向师长学，而且也要善于向同伴、同辈学习，甚至向晚辈学习。唯有如此，才能有效克服网络中的学习危机，树立谦虚求实的学习态度。

第三，要帮助青少年树立勤奋惜时的学习精神。我们常说的"一寸光阴一寸金，寸金难买寸光阴"，强调的就是时间的珍贵。在网络生活中，由于知识更新的周期和频率更快，人们的工作和学习效率更高。因此，我们学习和生活中的任何较长时间的彷徨和犹豫，都可能导致我们与别人、特别是与发达国家中同龄人的知识差距拉大。因此我们必须教育青少年牢固树立勤奋惜时的观念，帮助他们培养爱惜时间的学习习惯，引导他们如何在很少的时间内获得更多的知识，获得更多的提高。

第四，要帮助青少年掌握严谨和效率更高的学习方法。在知识爆炸的网络社会，知识增长的速度和规模已经达到了相当惊人的地步。很多青少年已经意识到自己面临的知识太多，更新太快，而又无处下手的问题，而且他们还发现自己在校园中学到的书本知识与实践过程中的应用存在着一定的差距。因此，在网络社会中，学习方法的意义就显得更为突出。当然，在学习的道路上从来就没有不需要通过探索而获得的现成的、一劳永逸的学习方法。所以，必须告诉青少年要树立科学严谨的学习态度，并根据自己的知识结构、认知心理、思维习惯等实际情况，充分利用信息平台和搜索引擎等数字化工具，选择有价值的信息和知识，在不断探索的过程中，改进自己的学习方法，提高学习效率。

第五，要帮助青少年创建民主平等的互联网学习机会。在我

国，宪法规定每个人都有学习的权利和义务。因此，从法律的层面来看，学习的权利和机会应该都是平等的。但是，由于地区经济发展不平衡、居民家庭人均收入不平衡、国家教育资金投入不平衡，以及国家教育体制中存在的某些弊端等，使得我国青少年在学习和培养过程中存在着一定程度的教育不公平问题，存在着青少年知识的"两极分化"现象。一些贫穷家庭无力为子女提供互联网学习手段，特别是在一些革命老区、少数民族地区、边远地区和其他一些国家级的贫困地区，教学资源严重不足，有些学校几乎没有使用互联网手段的基本条件，有些学校的学生甚至连电脑都没有见到过，因此更谈不上网络学习手段和资源的问题。为了改变这种现象，国家必须把更多的教学设备和经费向贫困家庭学生，向老、少、边、穷地区的学校和学生偏斜，加大学校互联网建设力度，培养互联网专任教师，真正做到"从娃娃抓起"，像消灭贫困一样去消灭教育不公，这也是最终消灭贫困、实现中国梦最根本、最有效的办法之一。

第7章 青少年网络人格动力结构中的情感力

歌德曾在《少年维特之烦恼》中用"哪个少男不多情，哪个少女不怀春"来感叹青少年丰富的感情生活。的确，青少年阶段是人的一生中感情最纯洁、思想最活跃、精力最充沛、身体最健康的黄金时段。人们常用花季年华来形容青少年的多彩人生，其中也包括他们丰富的感情生活。在这个阶段，亲人们关怀备至，师长们呵护有加，朋友间情真意切。当然，青少年也有成长中的烦恼，他们渴望独立，但又暂时还不能脱离家庭和学校的关爱与照拂；他们希望被理解与尊重，但还难以独自承担相应的社会责任等。青少年情感的丰富性和两级化等特点，对青少年的成长和人格的完善有十分重要的影响作用。特别是在当今网络虚拟化的时代，青少年的情感生活受网络文化的影响将更加明显、更加直接，这也要求我们对青少年网络人格动力结构中的情感力给予更多的关注。

7.1　情感与青少年的人格丰富

道德感、理智感、美感是人类情感的三种基本类型。爱国主义、集体主义、正义感、责任感等道德情感，不仅体现青少年人格中的道德品质和政治觉悟，也可以影响人的认识能力、人际交往能力等。积极引导青少年情感发展，必须正确区别情感和情绪、积极情感和消极情感，必须正确把握青少年情感的多样、敏感、易变等特点，重视青少年情感的可塑性、发展性。

7.1.1　情感与人格

情感是指客观事物是否符合人的需要而产生的态度体验。任何人都具有自己的主观世界，当客观外界事物作用于人的主观世界时，人对事物就会产生一定的态度。如果客观事物符合自己的主观需要，就可能采取肯定的态度，产生满意、愉快、欢乐、高兴、喜悦等心理体验；反之，当客观事物不符合自己的主观需要时，就可能采取否定的态度，产生憎恨、痛苦、忧

愁、羞耻、悔恨等心理体验。总之，情绪情感是由客观事物是否符合人的需要而产生的，是人对客观事物是否符合人的需要的一种反应，是对客观事物所持态度的体验，反映了客观事物与人的需要之间的关系。

从心理学的角度分析，人的情感是与人的情绪相联系的一个概念。所谓情绪是有机体在自然需要获得满足的情况下所产生的体验。因此，从某种意义上说，情绪是人和动物共有的低级简单的体验。但是，由于人的本质在于其社会性，因此人的社会性也决定了人的情绪与动物的情绪有本质的区别。情感与情绪的区别表现为：情绪具有较大的情景性、短暂性和冲动性。情绪一旦发生，便一时难以冷静，而某种情景一旦消失，有关情绪便会立即减弱或消失；情感所强调的是人的社会性需要是否获得满足时所产生的体验，它是人类所独有的、高级和复杂的体验，具有较大的稳定性和深刻性。情感与情绪的联系主要表现为：情绪是情感的外在表现，情感是情绪的本质内容。情绪的各种不同变化一般都受制于已形成的情感，而情感也总是通过各种变动着的情绪才能得以表现。离开了具体的情绪过程，人的情感就无从表现。总之，情绪情感是非常复杂的心理现象，在现实生活中很难加以区分，因为人的情绪的产生及变化，同样受到人的社会生活方式、社会习俗和文化修养的影响与制约，总是带有情感的色彩，因此有些心理学家也把情感情绪合称为感情[①]。人的情感可以区分为道德感、理智感和美感三种基本类型。

第一，道德感。道德感是指人们依据一定的社会道德标准和行为规范，在对别人或自己的言论、行为和意图进行评价时所产生的情感体验。这种体验总是和人依据一定的道德观念对各种事物进行道德评价相关联的。如对合理的道德规范的言行产生敬佩、赞扬的情感，对不道德的行为产生厌恶和憎恨的情感。当自己尽到了道德责任，心情会感到舒畅与平衡；如未尽到责任则会感到内疚与失衡。道德感是在人的社会实践中发生发展，并为社会占有统治地位的道德标准所决定的。但是，由于不同的社会历史阶段和不同的阶级都有不同的道德标准，所以，不同的历史阶段、不同的阶级也有不同的道德需要，以及不同的道德感。在社会主义制度下，道德感主要包括爱国主义情感、国际主义情感、集体荣誉感、责任感、义务感、正义感、同情感、友谊感等。

第二，理智感。理智感主要是指人们在认识和追求真理的过程中，认识需要得到满足时产生的情感体验，它是与人的求知欲望、认识兴趣以及解决问题等社会性需要相联系的。理智感的表现形式是复杂多样的，如发现问题时的惊奇感，钻研问题时的自信感，渴望获得知识的求知感，百思不得其解时的苦闷感，解

----

① 孟昭兰.普通心理学 [M].北京：北京大学出版社，1994：390.

决疑难问题后的轻快感，以及对真理的追求和热爱，对偏见与谬论的鄙视和痛恨等。理智感是在认识实践中形成的，但它反过来又能进一步推动人的认识深入，成为认识和改造世界的一种重要精神力量。理智感对于开发人的智力资源，充分发挥人的聪明才智，具有重要的意义。

第三，美感。美感是指在鉴赏和创造美好事物的过程中所产生的情感体验。美感主要包括社会美、自然美和艺术美三种类型。人的美感取决于客观事物本身的特点，比如，周围现实中的各种事物现象、艺术品，或事物的外部特点、内部特征等。人的美感还受个体审美需要的制约。比如同一件时装，有人会认为美，有人会觉得不美。可见，面对同一对象，不同的个体会产生不同的美感。当客体的特点与主体的审美需要不一致时，就会产生厌恶、唾弃、烦躁等情感。美感和道德感一样，都是受到社会生活条件的制约、具有明显的社会性的。不同的历史时代，不同的社会制度和不同的民族的人，由于文化背景的不同，他们对客观事物的美的评价标准也有不同，因而，对美的感受体验也不相同。从情感的功能和作用来看，情感对人们的行为、人格有着十分重要的影响作用。这主要表现在：

首先，情感体现人的道德品质和政治觉悟。我们知道，情感主要包括人的道德感、理智感和美感等三大内容。其中，道德感主要是人们的爱国主义情感、国际主义情感、集体荣誉感、责任感、义务感、正义感、同情感、友谊感等。因此，道德品质高尚的人，无论在哪个时代，无论在什么条件之下，都往往热爱祖国、热爱人民，坚持真理、维护社会正义，勇于牺牲、乐于奉献，具有强烈的社会责任感和集体荣誉感。在今天的条件下，人们正确的政治觉悟还体现在能正确认识到祖国前途命运与社会主义制度密不可分，能正确认识到民族的伟大复兴与中国共产党的领导紧密相连，能自觉地把自己的奋斗与中国特色社会主义事业联系在一起，并以自己的实际行动为国家的兴旺、民族的繁荣、人民的富裕做出贡献。

其次，情感可以影响人的认识能力。情感的调节功能，不仅会直接影响人的身心健康，还具有调节人的认识和行为的作用。人的情感是在认识的基础上产生的，人如果没有对某人或某事的深入认识就不可能产生特别深厚的感情。另外，情感也会影响人的认识能力的发展。人们只有拥有良好积极的情绪情感，才有可能敏捷地思维和有效地记忆，才能进行丰富的想象和细心的观察。反之，如果人是处在消极情绪下，无论是思维、记忆还是想象观察都将受到抑制。

第三，情感可以影响人际关系的协调。影响人与人之间的关系的条件是多方面的，情绪情感因素则是其中的条件之一。人与

人之间相同的情感体验，容易引起双方的认识的理解与共鸣，从而缩短相互间的心理距离；情感关系的融洽也能使人们之间的相互影响更加直接和有效。积极友好的情感有利于人与人之间的相互吸引，消极不友好的情感则会引起人与人之间的相互排斥；平和稳定的情绪，深厚真实的情感有助于人与人之间的和睦相处，反之，如果一个人的情绪变化无常、易于冲动，他就难以结交更多的朋友。所以说，情感对人际关系是有直接影响的。

7.1.2 青少年的情感特点与青少年人格

随着年龄的增长和生理发育的日渐成熟，青少年的认识能力会逐步提高，情绪情感也将更加丰富，并表现出如下几个特点：

第一，情感丰富，情调浪漫。随着认识能力、活动范围、知识水平、社会经验的不断变化，青少年对于周围的各种各样的人和事常常表现出浓厚的兴趣。当他们在学习工作和生活中获得成功和进步时会感到非常快乐，常常以激动的心情去欣赏大自然。这时候在他们眼里似乎世间上一切都是美好的，人在羡慕，树在招手，草在点头，花在微笑，自己的前途金光闪闪；当他们在欣赏文学作品常常把自己融入进去，甚至幻想自己就是作品中的主人公，一会儿情绪振奋，一会儿泪如泉涌。有时还把作品中的人物变成自己的偶像，希望自己能像作品中的偶像那样生活。

第二，情感矛盾，易走极端。脱离儿童阶段的青少年，虽然其情感情绪有了一定的稳定性，但是他们的自我意识的内在矛盾性，也容易导致青少年情结的两极化。比如，随着青少年意识的深化，意志的成熟和经验、阅历的增长，他们的情绪和情感表现逐渐变得内向。他们比儿童更善于掩饰自己的情绪或情感，情绪和情感变化的转换也变慢，理智对情感的调节作用越来越强。但是青少年的情绪和情感仍然还带有表现性，即某种情绪和情感表现往往是专门给某个对象看的，而非自己真实情感的反映。如为了讨好女朋友，他可以装得十分温顺、有礼貌，而实际上他对其他人有时却十分粗鲁；为了表示自己是个热心肠的人，在熟人多的场合，热心于公益服务，热心于帮助别人，而在没有熟人在场的时候，却对公益服务漠不关心，不愿助人。又比如他们在对待自己的评价问题时，有时会因一点小聪明和小成就就盲目过高地评价自己，表现得沾沾自喜，当得到别人不同的评价时，情绪又一下子从自我满足变为自我厌恶，优越感会变成自卑感；有时还会容易因为小事情绪冲动，不计后果。这种情绪情感的矛盾性，既可以表现出为真理和正义献身的热忱，又可以因一时冲动而做出令人遗憾的蠢事、坏事。

第三，情感强烈，情绪敏感。青少年情感的强烈性主要表现为爆发速度快，爆发强度大。青少年的情感表现是热烈和粗犷

的，充满着青春的朝气与活力。情绪冲动起来如疾风暴雨，势不可挡。但是青少年的情绪波动越快，对情境刺激显得越敏感，越易受环境气氛的感染，甚至轻微的刺激也能引起他们强烈的情绪感受。这种情绪的敏感性多与青少年的自尊心、自信心有关。一般而言，青少年正处在努力确定自我的时期，他们拼命地想维护自己的成年形象，并希望他人或社会能承认他们的地位和价值。他们喜欢并强烈要求别人尊重自己，因而自尊心极强。青少年自信心强，自尊心重，眼界高，本是件好事情，但由于他们毕竟不是成熟的大人，有时容易过分自信，过分高估自己的能力，好高骛远，一味追求力不从心的大目标，结果很可能失败。在达成各种追求的目标时屡屡失败，会大大挫伤他们的信心，使其从过分自信堕入过分自卑。他们在自尊与自卑之间摇摆不定，情绪敏感。如常常因一件小事而狂喜，因一句善意的批评而愤怒，因一句随意的赞扬而兴奋。青少年情绪的这一特点，极易引起别人的误解。比如，其敏感性容易给人"无事生非"的感觉，紧张性容易让人产生"小题大做"之嫌。

第四，情感可塑，向前发展。青少年随着社会阅历的增多，自我意识更加成熟，认识能力不断增强，情感体验日益丰富，其个人情感正逐渐向社会高级情感发展。所谓高级情感，是指与人的高级社会性需要相联系的更为复杂的情感，是人的社会性情感的深化形式，主要是道德感、理智感和美感。儿童虽然也形成了较低层次的情绪和情感，可是尚未形成高级的社会性情感。而青少年则不同，他们关心自身的成熟和完善，关心社会生活的现状，关心政治生活的现实，对自己的祖国和民族的了解进一步加深，民族自信心、民族自豪感进一步加强，爱国主义情感更加强烈，社会责任感和集体荣誉感进一步增强，政治理论和政治觉悟进一步提高，青少年的高级社会感情已基本确立。

总之，青少年感情丰富、乐观向上，情感具有可塑性、发展性，特别是他们的高级社会情感基本确立，对于提高他们自身辨别假恶丑和追求真善美的能力，对于促进青少年人格的全面发展，有着十分重要的推动作用。

7.2　网络环境下的青少年情感表达

虚拟情感是人们在网络生活中以虚拟的主体身份，对网络环境中的虚拟对象或网络所反映的现实事物所表现出的一种心理态度或体验。网络友谊、网络爱情是青少年网络情感中最常见的两种形式。网络环境下的青少年情感表达有利于促进青少年的情感交流，展现其丰富多彩的生活风貌，但是青少年网络情感的虚化也容易造成他们情感表达的障碍和情感困惑。

7.2.1　虚拟身份与青少年的情感交流

瓦格纳·詹姆斯·奥在《第二人生》中，对人们的虚拟情感曾有这样一段描述：在一座"虚拟幻觉大厦"里，人们"从被动的旁观者转变为沉浸其中的参与者"，并且能够"将与你互动的人们看作你认识、并且能在其中投入道德情感的人"。① 他强调，青少年这种虚拟身份和虚拟环境下的情感交往，既有可能给他们带来"煎熬万分、毛骨悚然"的恐惧，如自杀、死亡等；也可能"激发人们道义良心和浩然正气的力量正在酝酿正在迸发"。因此，瓦格纳·詹姆斯·奥把这种虚拟环境下青少年虚拟身份的情感称之为"一根改变心智的杠杆"②。可见，网络环境下青少年情感表达的影响是重大的，它容易导致青少年情感表达的不确定性、矛盾性和两极化现象。

第一，虚拟环境和青少年的虚拟身份有利于促进青少年积极情感的自由表达。计算机网络创造的虚拟实在的环境，已使人类全方位地进入了以往从未体验过的世界，开创了一个人类崭新的生存与活动空间。在这个虚拟的空间里，人们可以超越许多现实

---

① 瓦格纳·詹姆斯·奥.第二人生——来自网络新世界的笔记 [M].李东贤，李子南，译.北京：清华大学出版社，2009：152.

② 瓦格纳·詹姆斯·奥.第二人生——来自网络新世界的笔记 [M].李东贤，李子南，译.北京：清华大学出版社，2009：148，152.

条件的制约与束缚，特别是现实复杂人际关系的约束，人们可以按照自己的内心想法去自由地表现自己的虚拟行为，可以相对自由地表达自己的思想看法，甚至虚拟的情感等，这一点对青少年尤其重要。如有些性格活泼的青少年对自己理想前途的自信、乐观的大胆表达，常常由于青少年的知识水平、社会认知能力、个人生活经验等的局限等而被家长、老师误解为"幼稚""浮躁""浮夸"，有时甚至被指责为"不切实际""异想天开"等；而有些青少年由于性格内向等原因，常常把自己的内心情感隐藏起来，不愿意自由表达。虚拟环境和青少年的虚拟身份有利于突破青少年情感表达的这种藩篱，在虚拟世界里，他们可以不必顾忌长辈们的误解、指责，可以尽情地宣泄表达自己的喜怒哀乐，可以自由地展现自己乐观、进取、快乐的情绪。

第二，虚拟环境和青少年的虚拟身份可能造成青少年情感表达的困惑，甚至影响青少年主体性的发挥。网络创造的虚拟实在的环境在开创人类崭新的生存与活动空间的同时，也存在着诱使人们远离真实世界的危险。在虚拟网络出现以前，实在与虚拟是构成人们划分世界的两个基本范畴。但是随着网络技术的发展，虚拟与现实之间的差异就开始变得模糊难辨。虚拟与实在两者间在功能上出现了某些共同性。譬如，人们的物质交换和信息交换应该只能在统一的物理世界里完成，主体生活的物理环境和心理

环境是统一的。但是在互联网条件下二者发生分裂，同一主体可以在两个不同的世界里轮流"切换"。如果这种"切换"过于频繁，常常会引起人们心理上的不适应。如果处理不好，更可能造成人格的分裂，影响主体性的发挥。如那些性格活泼的青少年，在虚拟世界里尽情地展现自己的"英雄主义"，尽情地表达自己的快乐、进取，回到学校、单位、家里却又要装得小心谨慎、文雅持重。而那些性格内向的青少年才在虚拟世界里找到一点豪放、夸张地表达情感的乐趣，回到现实中，自己的内向、怯懦等弱点又被人们强化、暗示。这样，青少年的情感表达在这两种不同世界中轮流"切换"，常常出现情感表达的困惑，影响青少年主体性的发挥。

　　第三，网络人际关系的淡化可能会弱化青少年的真实情感。网络化最重要的特点就是打破了时间与空间的限制，消除了人们异地交往的时空障碍。人们只要进入网络，就可以眼观六路、耳听八方。由于网络的"虚拟现实"可以容纳各社会阶层的人员，人们能感受到无比自由、安全和舒适，所以青少年也更喜欢利用虚拟的"人机交往"来替代现实的"人际交往"。如果过度沉溺于"人—机—人"的相对封闭的环境，将虚拟的环境、行为和真实的现实生活相混淆，就会失去更多真实的、值得珍视的感情，造成人际关系的淡化。对青少年之间的关系而言，由于他们将大量时间用在人机对话上而疏远了相互之间现实的情感交流，造成了人际感情的逐渐萎缩和淡漠，一些意想不到的后果也可能伴随着虚拟世界出现在人们的现实生活中。"假作真时真亦假"可以用来说明网络虚拟环境下的人际交往。人与人之间的感情往往是在面对面的直接交往过程中慢慢培养起来的，失真的人际交往环境、虚拟"人造"的感情和信用就很难体现真实可靠性。近年来，在网上流行的交友、征婚、购物等娱乐活动就常常出现受骗上当的现象。被虚化的网络人际交往，对青少年健康真实情感的培养有着许多的不利因素，我们必须加以重视。

总之，青少年的虚拟身份和虚拟环境下的情感表达，对青少年情感情绪的影响是复杂的。我们必须依据青少年情感发展的一般规律，利用互联网的积极作用，培养青少年的积极情感，促进青少年健康成长。

7.2.2　网络生活中的青少年友谊

"在青年尝试不同角色、建立不同关系的过程中，同伴群体是他们的'生命线'。"[①] 美国心理学家多萝茜•罗吉斯在《当代青年心理学》中，以"同伴群体"概念来表达青少年的友谊，强调了青少年友谊在青少年成长中有着"生命线般"的重要意义。多萝茜•

---

① 瓦格纳•詹姆斯•奥.第二人生——来自网络新世界的笔记 [M].李东贤，李子南，译.北京：清华大学出版社，2009：148，152.

罗吉斯认为，青少年最主要的特征就是"向成年人过渡"，他们想脱离家庭和学校的影响而走向独立，但他们在物质和情感上还没有做好完全独立的准备，他们想完全融入社会但又担心社会到处充满着恐惧和陷阱。因此，青少年最好的"工具"就是同伴群体的友谊："他们运用策略性社会相互作用，以在与同伴交往中提高他们的自尊"。[①] 多萝茜·罗吉斯建立在青少年社会角色转换前提下的"同伴群体中介策略"对我们正确认识网络环境下的青少年友谊，同样具有重要借鉴意义。

第一，网络环境扩大了青少年友谊交往的对象与范围。青少年成长的过程，实质就是一个自我意识不断增强的过程。但是，在现实世界中，他们的"叛逆心理"虽然也可以通过同伴群体友谊得到彼此的鼓励，促进青少年独立意识的增长，但是家长、老师对他们与"同伴群体"交往的时间、方式等总是存在着许多约束的，如一些成年人关于"近朱者赤，近墨者黑""物以类聚、人以群分"的告诫，不仅限制了青少年同伴群体友谊范围的扩展，而且还有可能对青少年某些比较正常的友谊交往造成一定程度的伤害，不利于青少年独立意识的培养。在互联网条件下，青少年的同伴群体交往可以跨越这种局限，他们交往的对象不仅范围大，而且具

----

① 多萝茜·罗吉斯.当代青年心理学 [M].张进辅，张庆林，等译.长沙：湖南人民出版社，1988：345.

有不确定性。比如有些"同伴"可能是现实的，也有一些可能是虚拟的；有些可能存在着巨大的年龄差异，有些可能存在着巨大的文化背景差异；他们也许有完全不同的个人经历，也许个人兴趣爱好迥异。但是，有了共同话题，就会找到自己的"知音"，哪怕是自己观点的激烈反对者，也能给自己以某些思想和观点的启发，对青少年的独立思考和自我意识的发展起到了良好的积极作用。当然，网络技术的开放和隐匿性，也对青少年友谊交往的范围的扩大带来了巨大的风险。比如一些人伪装自己的身份，装扮自己的"友谊"，对青少年实施负面的情感影响，有的甚至利用网络"虚拟友谊"诱骗青少年犯罪等。

第二，网络丰富了青少年友谊交往的手段和内容。在现今实际生活中，大部分青少年属于独生子女，他们的交往范围往往局限在父母、同学之间。而现代社会人们的生活节奏较快，紧张度高，父母与子女的沟通时间、内容非常有限。有的父母常年在外工作，许多青少年成为与祖辈相依为命的"留守青少年"。在这样的家庭环境中，青少年由于缺少与"同伴群体"的沟通，极易造成情感的孤独。在学校与同学的交往虽然没有这种代沟的差异，但由于在校时间短，学业压力大，"同伴群体"的沟通很难深入。网络技术环境为青少年交往提供的便利条件，可以使"网友"们跨越各种受年龄、时间、空间局限的网络友谊内容，如网络游戏中的

友好合作、网络社区中的讨论与思想沟通、网络学习平台中的学业交流与互相帮助，以及其他网络聊天中生活细节的关心体贴等，这些网络友谊活动既克服了现实生活中朋友交往的局限，又保留了交往形式中个人交往的私密性和群体交往中的直接性，十分符合青少年阶段友谊交往的心理特点，为广大青少年所喜爱。但是，我们也必须承认青少年虚拟网络友谊中存在一定的局限性，如虚拟友谊的超现实性，既可能让青少年因其与现实友谊的巨大落差而产生某种失落感，也可能因其克服了青少年现实生活中的情感孤独的局限而对虚拟网络友谊过度依赖，最终又反过来强化了现实生活中的情感孤独，甚至出现一定程度的情感自闭，不利于青少年的健康成长，所以我们必须加以重视。

　　第三，网络环境使青少年对交友动机和友谊的意义等问题的认识呈多元化趋势。在现实生活中，青少年的交友动机相对单纯，主要是在日常学习生活交往中志趣相投，如彼此欣赏的性格、相似的生活经历与习惯、共同的兴趣爱好等。他们对友谊的意义认识也比较单纯，如帮助、鼓励、支持、理解、进步等。在网络环境下，由于每个人的身份是虚拟的，对方的年龄、性别、性格、生活经历、生活习惯、兴趣爱好等信息也可能存在一定的虚假成分，因此青少年网络友谊交往的动机不再像过去那样单纯，对网络友谊的真实可靠性认识也存在着相当程度的怀疑。笔者曾在对一些中学生和大学生的访问中了解到，在互不相识的网络朋友中，几乎所有青少年既不相信对方提供的交友信息，也怀疑彼此间友谊的真实性。他们认为，网络友谊的动机有多重性，寂寞无聊时可以通过聊天解闷，空虚烦闷时可以通过游戏移情，有时可相互间交流逃避现实的经验，有时也对生活中遇到的困顿进行简单的劝解和鼓励。总之，共同的结论就是：网络友谊没有现实友谊真实，网络友谊消遣成分更多，网络友谊作用多元，网络友谊是现实友谊之外的必要、有益补充。

7.2.3　网络活动中的青少年爱情

美国丹佛大学著名青少年研究专家查普曼·克拉克在他的《怎样更懂我——当今青少年的内心世界》中曾这样认为，研究青少年中的两性议题"显然相当重要，但是令我惊讶忧心的是，许多研究者(当然不是全部)往往未从两性的浪漫关系中，予以讨论。这个主题，对于大多数的青少年意义非凡；矛盾的是，研究者却忽略了青少年浪漫的议题"。[①] 的确，对青少年爱情问题的研究与有关青少年友谊的研究相比，哪怕就是在相对开放的西方理论界也存在着明显的不足，而在我国青少年心理学、青少年思想政治教育等相关研究中，涉及这一领域的专门论述则更少。

----

① 查普曼·克拉克.怎样更懂我——当今青少年的内心世界 [M].屈贝琴，译.北京：中央编译出版社，2011：177.

事实上，随着青少年年龄的增长，他们的生理、心理正逐步走向成熟。特别是进入青春期阶段，各种成长中的烦恼与生理、心理上的矛盾冲突相混淆，使他们进入一个"疾风暴雨期""心理断乳期"。在这个阶段，一方面，从心理上看，他们理想远大，目标明确；道德意识增强，道德责任感突出；智慧力发展，抽象思维发达，想象力丰富；情感丰富，充满浪漫主义等。另一方面，从生理上看，他们身体发育比较成熟，性发育达到成熟，具备了生育能力，出现了性冲动。这些情况表明：青春期青少年有渴望与异性交往的生理基础，青春期青少年具备了向往爱情的心理条件。于是男女青年间开始"约会"，双方之间有亲密的爱抚，以及对某些色情内容的好奇与模仿等，甚至在一些青少年中还出现了对性的尝试行为等。因此，青少年已进入了浪漫的爱情阶段，也可能步入了浪漫的"危险游戏"之中。

有人称青少年网络爱情为网恋，即青少年男女之间以网络为主要平台，通过网络游戏、聊天软件、视频、微博等工具进行交往，并表达彼此的依恋与爱慕的一种感情交往方式。

网恋的主要类型有游戏、感情寄托、追求浪漫、表现自我、追求时尚、随波逐流等。这些类型所共同的特点就是把网恋视为一种网络游戏或单纯的网络情感交流的方式等。也有人认为网恋的首要特点就是它的虚幻性，即交往的双方之间没有经过实际的接触，主要是通过文字，图片，语言去表达彼此的爱恋，并强调网恋的魅力也在于它的虚幻性。它超越了现实爱情中的一些如金钱、地位等物质性因素的羁绊，也暂时摒弃了一些两性间的肉体欲望，给人以"纯洁""高尚""忠诚"的感觉，所以在青少年爱情中有相当的代表性。笔者在访问调查中了解到，大约有三分之一的青少年承认自己或自己身边的同学、朋友等有过网恋的经历，可见网恋对青少年的影响还是不可忽视的。

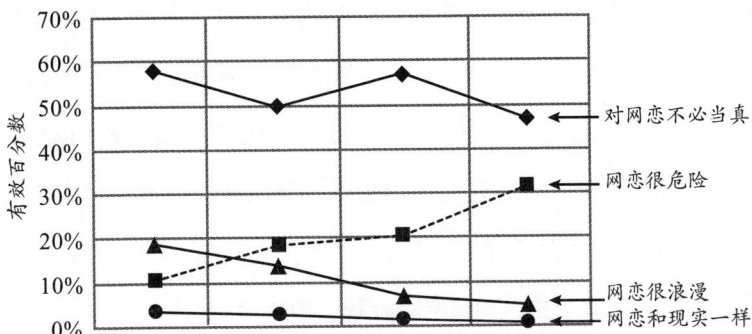

图7-1　青少年上网频率和对网恋的看法

资料来源：檀传宝，《网络环境与青少年德育》，福建教育出版社，2005年版，第19页。

对于青少年网恋的作用与态度的认识，大多数青少年并不持正面看法。檀传宝的"青少年上网频率和对网恋的看法"调查结果表明：60%左右的青少年把网恋仅仅看成一种网恋游戏，不必当真；认为网恋很危险的青少年也在20%上下；而把网恋当成与现

实生活中恋爱一样看待的人群在2%左右。这说明青少年对网恋的作用认识是比较客观的。但60%左右的青少年把网恋看成一种游戏，这不得不让人产生一种对现代青少年爱情观的担忧。

事实上，网恋除了影响青少年的爱情观以外，它对那些精神空虚、自我控制力差、过度依赖网络寻找感情寄托的人来说，容易造成精神上的伤害；而对那些爱表现自我、寻找刺激的青少年来说，他们整日在网上猎奇、聊天、谈恋爱，不仅严重影响了他们的学习与工作，而且性格容易变得孤僻，甚至造成人格分裂，极其不利于青少年健康成长。

总之，网恋在青少年中的出现，是与青少年自身成长中的心理、生理因素相关的，也与互联网技术的某些特点有关。但是，对青少年网恋的消极作用我们也必须保持一种清醒的认识，特别是对现今在青少年网恋中呈现的年龄越来越小、网恋态度越来越游戏化的趋势，我们必须引起高度重视。我们的青少年思想政治教育，特别是青少年网络思想政治教育不仅要更注重谈人生、谈理想，而且也要在青少年中开展行之有效的青春期专题教育，要跟他们讲心理和生理，跟他们谈友情与爱情，跟他们聊学习与生活等。只有这样，青少年思想政治教育才能更贴近青少年的实际，才能更体现关怀人、尊重人的教育本质，才能更好地适应社会发展的需要和符合时代发展的潮流与趋势。

7.3 青少年网络人格中的情感困惑及沟通

青少年网络人格的培育，必须重视虚拟情感因素在青少年网络人格动力结构中的重要作用。要积极发挥青少年网络人格动力结构中情感力的感化、激励作用，就要正确对待青少年网络虚拟情感，通过建设规范的网络交流平台，把握网络舆情的主流导向，用丰富多彩、生动活泼的形式吸引青少年，用积极健康、高尚完美的形象感染青少年，促进青少年积极情感的成长，防止青少年消极情感的负面影响。

7.3.1 正确区分青少年的积极和消极情感

在现实和网络世界中，青少年情感丰富、浪漫、强烈，使他们能以一种健康、积极的人生态度对待生活，形成青少年的积极肯定性情感。这种情感，对青少年成长具有极其重要的积极意义。我们必须要高度肯定，并加以正向引导，以促进青少年的健康成长。青少年在现实和网络世界中的肯定性情感主要表现为：

第一，在道德感方面，他们热爱祖国，热爱人民，热爱社会主义制度；能自觉地把自己的成长和国家与民族的前途命运相联系，遵纪守法，乐观向上；他们把能为他人提供帮助、为集体争得荣誉、为国家与社会做出贡献作为自己的骄傲和幸福，把损害

他人利益、妨碍集体荣誉、给国家和社会造成不利影响当作自己的羞愧和耻辱等。在网络条件下青少年主要通过在网络社区、微博空间等对一些在网络上产生重大影响的人和事发表自己的看法，袒露自己的人生态度等。如2008年北京奥运会火炬传递中西方少数人士的干扰活动、2012年日本政府妄言"购买钓鱼岛"事件等，这些事件发生后，网络成了最热烈的爱国主义教育与宣传阵地，这期间一些青少年活跃的网站网页，如天涯社区等创造了每天数十万次的点击率和刷新率。他们以各种形式在多种网络媒体上发表强烈爱国主义的言论、跟帖、顶帖等。在汶川地震期间，网络将中华民族的互助友爱、团结奋斗、无私奉献的传统美德表现得淋漓尽致。以往人们总是对80后、90后的理想道德状况存在着某种担忧，但是通过他们对于这些事件的反应，让人们真正地为他们欣喜，为他们骄傲。

第二，在理智情感方面，他们热爱科学，热爱真理；他们把历史上和自己身边的一些人的成功事迹作为自己学习的榜样，鼓励、鞭策自己努力进取；他们重视知识积累，注意开阔眼界，善于把自己工作学习中取得的每一点进步作为自己成功的乐趣，把学习和工作的一些缺点和失误作为自己的遗憾，时刻警醒自己不懈怠、不放弃。这些情感在网络上表现为青少年充分利用网络技术优势，广泛涉猎各类科学知识；通过各种游戏软件，培养自己的学习兴趣，检验自己的学习效果；自发组织各种形式的学习团体，交流学习心得，改进自己的学习方法等。最著名的青少年互助学习社区莫过于美国犹他州立大学（Utah State University，简称 USU）与我国华南师范大学（South China Normal University，简称 SCNU）共同创办的 USU-SCNU DLCP。它力图通过"链式讨论""基于文本的交谈""基于 E-mail 的游戏" 等，打造一个全球 e-learning 学习体系[①]。

第三，在审美情感方面，他们热爱生活，时尚、阳光，但是不猎奇，不标新立异；他们把追求健康、高雅的生活情调作为生活中的快乐，摒弃低级趣味的感官刺激；他们喜欢游戏，但不游戏人生。在网络上，他们也热衷于讨论各种时髦话题。在 QQ 空间中我们经常看到他们虚拟化的 "自我" 不断地变换发型、服装以及其他配饰等；但是在现实生活中，我们却只能从他们书包或钥匙串上的一些小饰物窥见他们的爱美之心。当网上炒作"干爹热""郭美美热"、海南三亚"富二代与名媛盛宴热" 时，我们看到网络青少年也在各网络社区到处 "拍砖"，他们爱美，但并不追求富裕却精神空虚、品格低下的庸俗生活。相反，一到假期，我们看到更多的是在网络上相识、在网络上组织的青少年"背包客""驴友" 们，他们此前大多素昧平生，但因兴趣相投通过网络结识后，

① http://www.baike.com/wiki.

感情日深，在偏僻的山野、在广袤的沙漠，到处都可看到他们欢乐的笑颜。

在现实和网络世界中，青少年情感也有情绪敏感、情感矛盾、容易两极化的特点，这些特点容易导致青少年产生消极的否定性情感，不利于青少年的健康成长与人格完善。我们必须警觉，并对青少年加以正确的情感引导，使他们克服和摆脱这些消极情绪情感的影响。青少年消极的否定性情感主要表现为：

第一，在道德情感方面，他们过分强调自我，把自我利益与他人利益、集体和社会利益对立起来，在自己的利益与他人、集体或社会利益发生矛盾时，就情绪激动、暴怒，甚至采取一些暴力行为来维护自己利益。他们有时也有理想，也有集体荣誉感，但是当它们与个人利益发生某些冲突时，就将理想、道德、集体荣誉等一切抛之脑后。同样，当他们的个人利益得不到维护时，就又表现为敏感、多疑、怨愤、责备，严重的就自暴自弃、自甘堕落。在网络生活中主要表现为对国家和社会重大事件冷淡、漠不关心，对与他人交往缺乏热情，不愿意袒露自己的胸怀；在网络游戏中常常暴露出暴力倾向和孤独自闭倾向。这种青少年极容易患上网络依赖症，因此我们必须高度重视。

第二，在理智情感方面，又有两种情况，一种是为个人利益而奋斗的学习目的非常明确，在学习中从不关心周围其他人、其他事物，学习成绩较好，但思想品质一般，属于"只专不红"的典型；另一种则是学习基础差，学习目的不明确，学习情绪低落，把学习看成是最大的痛苦，逃学、翘课成为家常便饭。在网络生活中，前一种类型的青少年对网络兴趣不大，几乎很少有沉溺于网络或网络游戏的。后者则完全相反，他们中大部分人都把大量的时间浪费在网络聊天和游戏中，前面章节我们所讨论过的各种网络不良现象中，都有他们的身影。对于这两种青少年我们必须采取不同的态度加以情感引导，以帮助他们体味学习和工作中的各种乐趣。

第三，在审美情感方面，青少年的消极性审美情感主要表现为混淆美与丑的标准，他们要么把"标新立异""另类"等看成个性，要么把从众媚俗看成顺应潮流，追求物质享受，追求精神刺激。在网络情感中常表现为漫无边际的网络消费主义，对一些奇谈怪论、消极迷信、甚至错误的反动言论等特别好奇，或者不加辨别就到处传播散布，对那些魔怪类、色情类、血腥类网络游戏表现出特别的兴趣。有的青少年还参与网络制黄、贩黄，参与或开办裸体视频聊天网站，组织网络招嫖卖淫等。对于这部分青少年我们需要更多的时间、精力和情感方面的投入，才能使思想政治教育工作发挥应有的作用。

总之，青少年的情感是简单而又复杂的。所谓简单就是指青

少年对社会涉猎还不深，情绪情感受其他社会因素的影响较小，而且具有很强的可塑性；所谓复杂是指任何青少年不可能就只有某一种情感、某一方面的情感。在每一个青少年身上，都既有积极肯定性的道德感、理智感、美感，也有消极否定性的道德感、理智感和美感等。不同的青少年只是他们情感的主体类型有差异，积极或消极性情感的比重或程度有差异。因此，我们对待青少年情感的认识，切忌绝对化、片面性，要善于发现每一个进步的青少年在情感情绪方面的不足，也要善于发现所谓"后进"青少年在情绪情感方面的积极性成分，真正地做到因材施教，"不拘一格降人才"。

7.3.2 创建青少年虚拟情感沟通的有效环境

在现代社会条件下，特别是在现代互联网技术条件下，青少年跟社会的接触越来越多，他们与社会建立的联系也越来越广泛，影响青少年情感情绪的因素也越来越多。因此，促进青少年虚拟情感的有效沟通，需要创建有利于青少年情感表达的有效平台和良好环境。我们可以从以下几个方面着手：

第一，要通过各种平台，包括网络平台，给青少年提供更多的学习和工作中的成功机会。人生事业的成功是个体情绪稳定的重要保证，学习和工作则是人们取得事业成功的重要途径和手段。青少年通过学习能够了解自然、社会的科学知识，能够掌握改造世界的各种技能；通过工作，能够使青少年直接地同自然和社会接触，让青少年有机会把学得的知识和技能付诸实践，获得工作和学习中的成就感、满足感和自信心。但是，另一方面，我国的教育和就业还存在诸多的不公平现象，许多青少年恰恰因学习和工作的失败而产生各种消极情绪，其中最重要的是关于机会均等的问题。互联网为创造一个机会均等的平台提供了很好的条件，如青少年升学中的阳光招生、就业中的招聘指标网络公开、招聘结果网络公示等，这些为让青少年在公平竞争中实现自己的理想提供了主要基础。

第二，要为青少年创造良好的人际环境，包括建立开放、规范、有序的网络人际环境。青少年正值世界观和人生观形成的关键期，在这个年龄段常与什么人接触，常接受什么信息的刺激，对于青少年有着重要的影响。具有高尚的品德和情趣有利于帮助青少年树立正确的人生观，对青少年的情绪起平衡作用。如果一个人活着是为了自己，那么他面对挫折就会消沉；而如果一个人活着是为了人民，那么，他的情绪就有深厚的支持力。在网络社会中，青少年接受着来自四面八方的各种信息的刺激，有"真善美"的，也有"假恶丑"的，有正确的，也有错误的。作为青少年，在生理上虽然趋向成熟，但心理的成熟还有个过程，认识水平和

辨别能力还不足以应付纷繁复杂的世界，还很需要有人给予具体的引导和帮助。在这个过渡的年龄阶段，如果能够经常与正直善良的人接触，无论是对于青少年正确世界观的形成，还是情操的陶冶，都具有正面的作用。为此，青少年组织、社会、家庭及青少年工作者应努力为青少年健康成长创造良好的人际环境，包括建立开放、规范、有序的网络人际环境，引导青少年多与品德高尚、兴趣丰富、健康的人交往，并向具有高尚品德和情趣的人学习，培养及陶冶自己良好的情操。

第三，要通过各种渠道和手段，特别是互联网渠道和手段，教育青少年正确认识社会，参与对社会热点、疑点问题的讨论与活动。青少年开始步入社会，对社会的复杂了解较少，认识不够深刻，特别是社会生活普遍存在着报喜不报忧、说好不说丑的社会心理倾向，更让青少年对社会的认识常常流于表面，充满过多的乐观主义和浪漫主义色彩，这必然导致青少年的情绪失调。其实，社会既有光明美好的一面，也有阴暗丑陋的一面。我们的各种网络媒体和互联网平台在这方面可以发挥更积极的作用，如及时公开各种社会热点问题，让青少年参与对这些热点、疑点、难点问题的互动讨论，帮助他们真正认识生活的复杂特性，培养提高他们自身的耐挫折力，使他们面对社会生活的挫折时，情绪并不会过分紧张，并且较易找到正确对待挫折的方法。反之，则会陷入长时间的不良情绪的困扰中，影响青少年健康情绪情感的发展。

第四，要为青少年提供表达情绪情感的机会。一般人都认为精力充沛、感情丰富、易于冲动是青少年情感情绪表达的基本特点，但是，如果青少年在现实生活中能得到更多的尊重，让他们的情感情绪获得更多的表达机会，那么他们的情绪就能得到适当的疏导；反之，如果压抑他们的情绪，那他们的情绪很可能爆发。青少年思想政治教育工作者应因势利导，为青少年创造充分表达感情的机会，使他们的情感得到健康的发展。比如，培养青少年拥有广泛的兴趣，让他们在兴趣活动中表达自己的感情。在工作中，帮助沟通青少年与家长、老师、领导之间的关系，让青年有更多的机会参与工作。在这方面，互联网的优势尤其明显，如青少年网络游戏、网络聊天、网络讨论、微博微信广播等，都是可以利用的沟通工具。

第五，要传授青少年正确的情绪情感调节方法。教会青少年调节情绪的紧张度，要使他们学会按自己的意愿形成适宜的情绪状态。如可以用词语来防止或缓和不当激情；通过回忆过去被激怒带来的不愉快或想起某人善于自制的形象，来约束自己的激情；用转移注意的方法来引导情绪或情感发生的方向；由脑力劳动导致的情绪紧张，可以通过加强身体的活动得到缓和。针对青

少年情绪、情感的两极性在学习、生活中的表现，教育工作者应根据实际，引导青少年用理智来调节这种起伏与波动。如当学业取得成功时，不能因此而沾沾自喜、唯我独尊；当学业面临失败时，也不能因此而悲观失望、苦闷彷徨。要使自身情绪情感的变化尽可能地少受外界情境的影响。既要培养青少年奔放的热情，也要强化他们沉着、冷静的品质；既要培养青少年直爽、坦白的胸怀，也要培养他们内涵、深沉的情操。要积极引导青少年的情感向高级的社会情感发展。高级的社会情感反映着人的个性与社会生活的一致性，且调节人的社会行为。要发展这类情感，首先，要培养青少年良好的道德感，包括引导其道德意识、道德评价和道德行为；其次，要培养青少年丰富的理智感，包括培养其认识兴趣，鼓励大胆怀疑，引导独立思考；最后，发展青少年高尚的美感，引导他们对自然美、艺术美和社会生活美的感受、鉴赏以及对美的创造。只有这样，才能真正成为对社会有用的人。

第8章　青少年网络人格动力结构中的兴趣力

人们常说"兴趣是最好的老师"，对于青少年来说，这句话的意义尤其显得突出。"孟母三迁"的故事告诉人们的表面上是关于青少年成长与周围环境的关系，但仔细深究我们却发现，隐藏在这些环境背后的、真正影响青少年成长的关键因素却是青少年的兴趣。兴趣会影响青少年对知识和真理的追求，兴趣更会影响青少年对人生目标的憧憬和向往。在当今时代，开放虚拟的互联网技术，有更多的手段和更丰富的内容来培养青少年更加广泛的兴趣爱好。但是，多元的、缺乏有效约束的互联网技术和文化，也可能对青少年的身心健康造成某种伤害，甚至影响青少年人格，不利于青少年的健康成长。因此，在网络思想政治教育研究中，必须对青少年网络人格动力结构中的兴趣力加以高度重视。

8.1 兴趣与青少年的人格发展

兴趣有一般兴趣和中心兴趣、直接兴趣与间接兴趣、物质兴趣和精神兴趣的区分。对青少年兴趣而言，我们可以从学习兴趣、生活兴趣、交往兴趣的区分中去探讨青少年兴趣的特点。青少年兴趣的稳定性有利于他们的人格走向成熟。兴趣的形成有利于他们培养和锻炼扎实的专业才干。精神兴趣的增强有利于他们树立远大的理想，获得人格发展的强大动力。

8.1.1 兴趣与人格

兴趣是人们力求认识某种事物和从事某项活动的意识倾向，它主要表现为人们对某事物、活动的选择性态度。积极的兴趣在人的实践活动中可以使人集中注意力，产生愉快紧张的心理状态，消极的兴趣可能使人注意力分散，产生一种抵触懈怠或放弃的心理状态。

物质兴趣是指对物质生活需求的兴趣。精神兴趣是指对精神生活需求的兴趣。对物质生活需求的兴趣，是保证人类生存的必要条件。人一出生首先有的就是对物质生活需求的兴趣，如新生儿对母亲的乳汁的兴趣等。随着儿童年龄的增长，他们不仅有对

物质生活需求的兴趣，而且也逐步产生对精神生活需求的兴趣，比如跟父母、小朋友交往，喜欢看电影、看电视、听故事等。到了青少年期，精神方面的需求往往变得十分强烈，这方面的兴趣也就相应地上升到了较重要的地位。比如，有不少著名的学者、科学家并不十分注意吃、穿。青少年都应注意把自己的兴趣主要集中于对健康的精神生活的追求上，以求在学业、工作上有较好的成绩，在智力上有较大的提高，在个性上有更完美的发展。

直接兴趣是对活动过程本身的兴趣。间接兴趣是对活动结果的兴趣。比如看电影，一些人比较注意电影情节发展过程，而另一些人则比较注意情节活动的结果。一般地，儿童首先产生的是直接兴趣，然后才逐步形成间接兴趣。如儿童在游戏活动中只满足于游戏活动本身，而不大注意游戏活动的结果。到了青年时期，两种兴趣均已达到成熟。对于一个成熟的人来说，两种兴趣都需要，而且应该密切结合起来，相辅相成。

在实际生活中，每个人的兴趣是很多的，它可以指向于不同的人、事、物，也可指向不同的领域。但是，兴趣的发展又是不平衡的，不可能在所有指向的领域，对众多的事物或现象有同样浓厚的兴趣。事实上是每个人都有自己更感兴趣的事情，也有自己仅产生一般兴趣的事情。泛泛的兴趣称为一般兴趣，而经常指向并保持对其强烈意向的兴趣称为中心兴趣。幼儿时期，兴趣广泛而不稳定，难以形成中心兴趣。到中、小学阶段，随着年龄和经验的增长，个性的形成，中心兴趣逐渐形成。

美国霍普金斯大学著名心理学家约翰·霍兰德曾在他的《职业倾向(兴趣)测试》中指出，兴趣是人们活动的巨大动力，它可以促使人们积极地、愉快地从事某种职业。因此，兴趣不仅影响人们的认知能力和实践活动，而且与人的人格类型和职业选择有关。霍兰德将人的人格分为社会型（Social）、企业型（Enterprising）、现实型（Realistic）、常规型（Conventional）、研究型（Investigative）、艺术型（Artistic）六种主要类型，如图8-1所示[1]。

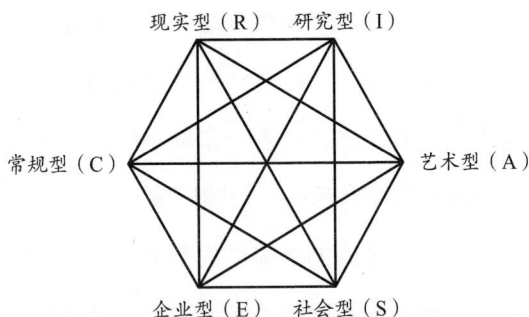

图8-1　约翰·霍兰德的人格—兴趣—职业模型 [2]

当然，约翰·霍兰德的人格—兴趣—职业模型在现代人格理

①　http://baike.baidu.com/view/1241548.htm.

②　http://baike.baidu.com/view/1016839.htm.

论中虽不具有典型的代表性，但他关于人格和兴趣、人格和职业的关联性分析，的确对现代人格理论具有重要的思想启迪，我们从他的结构模型中也能体味出现在比较流行的"九型人格"的某些意蕴。

8.1.2　青少年的兴趣特点与青少年人格

青少年兴趣的形成是一个动态的发展过程。我们认识青少年兴趣的特点时，既要看到青少年阶段兴趣与儿童时期兴趣的区别，也要强调青少年兴趣与成年人兴趣的差异性。具体地说，青少年兴趣的特点主要表现在以下几个方面：

第一，兴趣趋于稳定。青少年兴趣的发展经历了一个从不稳定到稳定，从不深刻到比较深刻的发展过程。学前儿童和小学生兴趣虽广，但有很突出的情境性和直观性，他们的兴趣常常随情境变化而变化，随接触事物的变化而变化，所以既不稳定，也不深刻。比如，在科技活动中，儿童主要感兴趣的是这种活动本身的趣味性，而青少年则更多关注活动的结果；对于科技产品，儿童更多注意它的外观，而青少年更多注意它的装置原理、工作效能；在阅读活动中，儿童主要感兴趣的是故事的情节变化、人物的活动，而青少年则不仅对这些感兴趣，而且也对情节结构的合理性、人物行为的逻辑性以及人物内心世界的变化感兴趣。总之，到了初中阶段，随着学习内容的更加分化，他们对各种知识的兴趣也随之产生分化。他们更喜欢那些教材内容丰富、老师讲授生动、自己学有所获并且能取得好成绩的学科。随着这种情况的逐步稳定，他们对这类学科的学习兴趣就会逐渐稳定下来，并逐步向中心兴趣发展。到高中和大学阶段，随着自己对社会需要的更深刻的理解，对未来理想的更执着的追求，他们的兴趣已不再受外在情境和物体变化的影响，而主要受内在的主观意识倾向的调节支配，兴趣日益巩固。

第二，中心兴趣逐步形成。儿童的兴趣是广泛的，好奇心促使他们对一切生动活泼的事物都感兴趣。但是，青少年则不同，他们的兴趣也很广泛，但却不是均衡地发展，而是分为一般兴趣和中心兴趣。中心兴趣在兴趣的发展中起主导作用，这种兴趣的发生常常是同青少年渴求某方面的专业知识或追求某种理想职业相联系。一般而言，中心兴趣的形成还经历了一个从广到窄，又从窄到广的过程。儿童时期由于兴趣趋于分散，缺乏中心兴趣。进入中学后，中心兴趣逐渐形成，特别是到高中阶段，同学科学习有关的兴趣占据中心位置，阻抑了其他方面兴趣的发展，兴趣范围相对变窄。进入大学以后，大学生的兴趣反而会比高中生更广泛。产生上述变化的原因是：高中生课程紧，升学压力大，为考大学不得不收缩自己的兴趣，把精力完全放在主要科目的学习

上；进入大学后，这种压力解除了，特别是大学里丰富广博的学习资源，如图书馆、实验室、有一定学术造诣和名望的教师等，这些对提高青少年学习兴趣、拓展青少年的学习领域有着十分重要的意义。这里，我们可以从青年毛泽东的学习兴趣与青年毛泽东的成长过程中得到许多的启发。《毛泽东传》里对青年毛泽东在湖南省立图书馆的学习兴趣有这样的描述：

> 他的学习十分勤奋，像牛进了菜园子一样，不停歇地埋头阅读了大量中外书籍。他兴趣最大、收获最多的是西方十八、十九世纪资产阶级民主主义和近代科学的著作，如卢梭的《民约论》，达尔文的《物种起源》，特别是严复翻译的书，如亚当·斯密的《原富》，孟德斯鸠的《法意》、赫胥黎的《天演论》、斯宾塞的《群学肄言》等，他几乎一一读过。……对一个走出乡关才一年多的知识青年，感受该是多么新鲜和强烈。①

不可否认，青年毛泽东在湖南省立图书馆的学习时间虽然只有半年，但是这半年学习中的广泛兴趣和知识涉猎对毛泽东的成长具有十分重要的意义。正如他自己在1936年同埃德加·斯诺的谈话中自己总结的："每天到湖南省立图书馆去看书。我非常认真

---

① 金冲及.毛泽东传（1983—1949）[M].北京：中央文献出版社，2006：14.

地执行，持之以恒。我这样度过的半年时间，我认为对我极有价值。"①

第三，精神兴趣占比较突出的地位。如果说青少年兴趣的稳定性和中心兴趣是相对儿童时期而言的，那么青少年精神兴趣占突出地位的特点则是针对成年人的兴趣特点而言的。青少年的精神兴趣包括理想、道德、知识、情感等多个层面，如政治理想、宗教态度、道德追求、科学兴趣、艺术爱好、友谊、爱情等。多萝西·罗吉斯在他的《当代青年心理学》中把这种现象称之为"寻求自己在'更大事物范围'中的某种位置，即献身于理想主义的东西"。②事实上，与成年人长辈相比，在青少年身上，各种物质生活压力还不是主要的，因而他们的物欲观念并不十分强烈。如在物质生活上，他们还处在纯粹的消费者阶段，虽然也受各种不同的消费理念的影响，有攀比消费的欲望，但家庭和社会对他们的照顾，使他们对物质利益的认识还处在一个间接认识的阶段，不像他们的长辈那样直接与深刻，物质兴趣不占主要地位。在精神生活上，他们正处在世界观、人生观形成的重要阶段，在这个阶段，追求知识、树立理想、磨砺意志、砥砺人生才是他们最重

① 逄先知.毛泽东年谱（上）[M].北京：中央文献出版社，2005：13.

② 多萝茜·罗吉斯.当代青年心理学[M].张进辅，张庆林，等译.长沙：湖南人民出版社，1988：242.

要的任务。他们努力地通过各种手段和渠道获取科学文化知识，锻炼自己的才干，完善自己的人格。他们对理想和真理的追求远远胜过对物欲的追求，他们对友谊的渴望远远要超过对金钱的渴望。总之，与物质兴趣相比，青少年的精神兴趣处于一个更加重要和更加突出的地位。

青少年兴趣的以上三个特点对青少年人格的成长具有重要意义。这是因为青少年兴趣的稳定性有利于形成青少年稳定的心理趋向，使青少年摆脱盲目幼稚的心理状态，而逐步走向人格的成熟；青少年中心兴趣的形成有利于巩固青少年的理想和道德观念，明确未来发展方向，培养和锻炼扎实的专业才干，促进青少年成长；精神兴趣占比较突出的地位，可以使青少年理想更加远大，使他们的情感更具积极意义，使他们的行为能够获得更加强烈和持久的驱动力，使他们的人格更加完善。

8.2 网络环境下的青少年兴趣范围

丰富的网络资源和开放互动的互联网活动方式对于拓宽青少年知识视野、扩大青少年交往范围和丰富青少年生活都具有重要的积极作用。但是另一方面，网络信息内容的多样性、网络监管的无序性也可能导致青少年兴趣的泛化，既不利于培养青少年积极、稳定的兴趣，也有可能损害青少年人格的健康发展。

8.2.1 网络环境下的青少年学习兴趣

我们前面在强调兴趣的类型时主要是从物质兴趣与精神兴趣、直接兴趣与间接兴趣、一般兴趣与中心兴趣三个层面来区分的。这种区分虽然具有比较普遍的适用性，对我们从兴趣与需要的关系角度去认识兴趣的产生及作用具有比较重要的意义，但是在现代条件下，特别是在互联网条件下，人们在工作、学习和生活中同时面临着实在的和虚拟的两种完全不同的环境，这必然导致人们的心理状态也会发生许多新的变化，如前面我们对青少年理想、道德、智慧、行为、情感等心理问题的讨论就是如此。在青少年兴趣问题上，由于网络环境自身的开放性、虚拟性特点，它带给青少年兴趣的变化，更突出的是青少年兴趣范围的变化。下面我们先从青少年学习兴趣范围的变化谈起。

青少年学习兴趣是指青少年在学习过程中对学习的内容、学习的方法等问题所表现出的一种心理态度或心理趋向。一般地，与青少年知识水平相一致、符合青少年认知和思维规律的学习内容和方法，容易引起青少年的学习兴趣，激发他们的学习热情，提高他们的学习效率。相反，则不利于青少年学习积极性和主动性的发挥，影响青少年的学习效果。互联网环境对青少年学习兴

趣的影响表现在：

第一，网络资源使青少年的学习内容更加生动、丰富。与传统的学习资源相比，网络信息资源的主要特点就是：首先，知识信息存储量大，内容丰富。网络信息资源几乎包括了迄今为止人类知识的所有种类、各个领域、任何方面。网络信息资源的存量，是现今任何一部纸质百科全书所不能比拟的。这种知识存量的丰富性与传统教育中课本教材—课外补充阅读模式的局限性相比，极大地满足了青少年好奇、求新的学习欲望，有利于激发青少年的学习兴趣。其次，相同知识的表达形式多样化，内容更生动。如果说传统教育中课本教材模式对知识结构的安排体现了循序渐进、体系性强的优点，那么网络上的知识信息则形式多样、生动活泼，克服了传统教材表达形式刻板、单调的局限性。如网络上的图片、视频、音频、动漫、游戏等形式，它们对提高青少年的学习兴趣有着十分重要的作用。此外，网络上知识信息还具有综合性强、专业化趋势明显的特点，为那些学有余力的青少年提高学习兴趣、开阔知识视野、深入钻研专业提供了更广阔的发展空间。

第二，网络技术使青少年的学习方法更加开放、灵活。传统的学习方法主要是老师教—学生学和学生自学等方法。在这些方法中，前者虽然便于学生更容易地接受新知识，但学生的学习主动性很难得到体现，学生的学习兴趣容易受教师的教学风格、教学水平的影响。在学生自学中，虽然学生的学习主动得到了很好的尊重，但是学生在学习中遇到困难时由于缺少了教师的必要引导，学习效果会受到一定影响，从而也会打击学生的学习兴趣和积极性。在网络条件下，以上两种学习模式的局限性都能很好地得到克服，学生在学习中既可以通过网络选择适合自己的学习内容和学习计划，也可以通过网络与自己的老师、同学或是其他的学校的老师、同学，甚至是其他的人实现学习的互动。有的学习内容还可以通过游戏的方法，实现在玩中学，如英语学习中的"单词打靶"、理科课程学习中的"虚拟工厂"、绘画学习中的"电子调色板"等。总之，网络使学习过程更加开放，学习内容和方式更加灵活，从而有利于提高青少年的学习兴趣。

第三，从网络手段与青少年学习效果的反馈与检测看，网络环境下的学习—检测—反馈的互动一体模式，不仅突破了传统学习过程中的学习—检测—反馈的时空分离现象，而且还以其学习—检测—反馈手段的多样性、及时性极大地提高了青少年的学习兴趣。如我们上面所谈到的英语学习中的"单词打靶"游戏，它不仅体现了学习方法和手段的多样性，而且也体现了学习—检测—反馈的互动一体性，即以游戏的手段，既体现了青少年游戏中的学习过程，同时也在学习过程中融入了检测和反馈，极大地

提高了青少年的学习兴趣，而且也使他们可以在学习过程中反馈和检验学习效果，让他们体验学习成功的乐趣，总结学习中失误的教训，从而最终能更好地提高学习效率。

总之，互联网技术与手段，既为青少年提高学习兴趣提供了丰富的资源和更广阔的平台，也为青少年改进学习方法、反馈学习效果提供了更便捷、更有效的手段。

8.2.2　网络环境下的青少年生活兴趣

青少年正处在身心成长的重要阶段，他们志向远大，情感浪漫，思维活跃，行动敏锐，兴趣广泛。但是另一方面，他们也存在着许多生活的困惑，如理想与现实的矛盾与困顿，情感与意志的纠结和冲突，思想与行动的距离及分隔等。因此，青少年的生活并不像我们所想象的那样，全是一片无忧无虑的湛蓝天空，在他们的空间里，有时是色彩斑斓的彩虹，有时也有飘忽游离的乌云。这一切，都会对青少年的生活态度、生活方式，以及他们对生活意义的认识产生重要的影响，从而也必定影响他们的生活兴趣。在互联网条件下，青少年在虚拟生活中面对的不确定性因素更多，这对他们的生活兴趣影响也更大。这主要表现为：

第一，互联网使青少年的生活方式更加多样化。生活方式主要是指个人由情趣、爱好和价值取向决定的生活行为的独特表现形式。马克思在《德意志意识形态》中曾指出："这种生产方式……在更大程度上是这些个人的一定的活动方式，表现他们生活的一定形式，他们的一定的生活方式。个人怎样表现自己的生活，他们自己也就怎样。"马克思、恩格斯在这里所强调的生活方式主要是指个人的活动方式，即"个人怎样表现自己的生活，他们自己也就怎样"。① 与马克思、恩格斯所处的时代相比较，现代社会给个人活动提供了更多的内容和更广阔的舞台，特别是网络生活方式的出现，使处在时尚的风口浪尖的青少年生活方式更加多样化。如通过他们的衣食住行所表现出的各种潮流和风格，我们实在难以用传统与现代、时尚和复古等概念去表达了。而他们在网络上的学习寓于娱乐、游戏生活化的活动方式更让我们难以区分青少年的学习、娱乐、工作、生活的明确界限。这些现象，一方面可以减缓青少年的学习和社会压力，提高他们的生活乐趣，另一方面，也会影响他们工作和学习的紧张度，不利于青少年的健康成长。

第二，互联网使青少年的生活态度更加多元化。青少年的生活态度总是与青少年的生活乐趣密切联系在一起的。积极向上的生活态度，反映了青少年积极乐观的生活兴趣，青少年的消极颓废总是与他们生活兴趣的缺失有重要的关联。美国心理学家查普

---

① 马克思、恩格斯全集（第三卷）[M]. 北京：人民出版社，1995：24.

曼·克拉克在他的《怎样更懂我——当今青少年的内心世界》中曾把青少年族群描述为一个期待成年人理解、但又力图摆脱大人管束的"地下世界"，并用一个美国高中学生的诗作来论证他关于"地下世界"中青少年生活态度多元化的特征：

> 步入幽暗，没有人可以看到我 / 步入幽暗，你只能看到我 / 步入幽暗，有折磨、有痛苦 / 步入幽暗，没有一个人知道你的名字 / 步入幽暗，唯一的颜色就是黑色 / 步入幽暗，爱是难解的谜 / 步入幽暗，大丈夫义无反顾 / 步入幽暗，毫无前人的足迹可循 / 步入幽暗，地狱就在咫尺 / 步入幽暗，或许你能照亮我的性命①

诗歌中，大丈夫豪迈乐观的个人英雄主义，对黑暗地狱恐怖的悲观主义，追求爱情并为爱纠结的浪漫主义，追求理想、向往生命光亮的进取理想主义等无不跃然纸上。与查普曼·克拉克描述的青少年"地下世界"相比，互联网环境的虚拟世界不仅为青少年的网上生活增加了无比丰富的内容，而且也为青少年的活动提供了更加广阔、更加自由的空间。特别是他们的身份在虚拟与现实之间的不断转换，更是加深了青少年的生活态度的复杂多样性。

---

① 查普曼·克拉克.怎样更懂我——当今青少年的内心世界[M].屈贝琴，译.北京：中央编译出版社，2011：68~85.

总之，网络对青少年生活兴趣的影响是复杂的，我们既要看到它有利于丰富青少年精神生活、对青少年成长产生积极作用，也要重视青少年网络生活的纷繁复杂、光怪陆离，它容易使青少年的生活目标迷失，对青少年的生活方式和生活态度产生困扰。

8.2.3 网络环境下的青少年交往兴趣

在现实生活中，青少年与社会的交往总是受到一定时间与空间的局限。从时间上看，青少年面临的工作和学习压力相对较大，用于社会交往的空闲时间少，这也必然导致他们与社会接触的频率低，接触范围有限。从空间上看，青少年年龄较小，生活阅历浅，社会接触面窄，复杂的人际关系网络尚未建立或刚刚开始建立，其活动空间主要局限于学校（单位）、家庭的范围，同学、朋友或同事间的交往只是这个简单圈子的基本延伸。另一方面，从青少年的心理特征来看，查普曼·克拉克所说的"地下世界"又对他们的人际交往产生许多无形的压力，容易使青少年在成长过程中产生孤独感，因此渴望交往、渴望扩大社会接触是青少年长期以来普遍存在的一种非常重要的心理趋向。现代互联网技术和网络生活方式的出现，打破了以往传统社会中青少年社会交往的时空局限，也使青少年在"地下世界"的交往压力得到了极大的舒缓，为他们在互联网的公开、自由交往提供了更加宽广的舞台，

也极大地激发了青少年的交往兴趣。这主要表现在：

第一，通过创建和加入腾讯 QQ 交友群，扩大自己的交往范围。腾讯 QQ 是我国当前最为便捷、最为流行的中文网络聊天交友工具，它深受青少年的喜爱。据腾讯官方公布，截至 2012 年 3 月 31 日，QQ 用户中的活跃账户数已达到 7.519 亿；QQ 空间活跃用户数达到了 5.767 亿；QQ 游戏平台最高同时在线用户数为 880 万[①]。腾讯 QQ 界面可以依据用户的兴趣方便地创建各种形式的 QQ 群，如同学群、朋友群、游戏群、驴友群等。QQ 界面还可以为用户提供方便的文字聊天、语音聊天、视频聊天、在线游戏等。青少年依据这个平台可以按照自己的兴趣与各种不同群体成员进行交流，扩大了青少年的交往空间，满足了他们的交往兴趣。

第二，积极参加网络论坛，通过发帖、跟帖讨论共同感兴趣的话题，沟通思想，分享生活及情感经验等。据中国互联网信息中心（CNNIC）2011 年公布的《第 26 次中国互联网发展状况报告》，我国 4.2 亿网民中，30.5% 的用户即 1.2 亿网民经常登录网络论坛，其中 67.6% 的用户每天参与发帖，每天发帖 1 至 4 篇的有 26.6%。CNNIC 调查发现，论坛成员大多以青年学生为主要群体，其中

① 周璞 .QQ 用户最高同时在线人数已达 1.674 亿 [EB/OL].http://soft.zol.com.cn/294/2944954.html.

19岁至24岁的占46.3%[1]。论坛中青少年交流的兴趣主要集中在对一些热门话题的讨论上，如环境保护、就业、高考，以及一些突发事件，比如天涯社区率先推出的"钓鱼执法"，以及其他社区关注的"房叔""鸟叔"等。论坛不仅成了青少年思想交流的重要平台，也是他们释缓工作、学习压力的"泄压阀"。总之，论坛也是青少年交往兴趣比较集中的重要的网络空间。

表8-1　不同论坛的网民的主要职业构成[2]

所属类型	论坛名称	网民的主要职业构成
论坛性网站	天涯社区	学生、媒体从业人员、企业管理人员
	凯迪网络	学生、研究人员、媒体从业人员
网站性论坛	新华网论坛	政府公职人员、退休人员
	网易论坛	学生、企事业工作人员、媒体从业人员
	金融界论坛	金融财政界专业人士、中小金融投资者

第三，通过网络博客发布个人日记，抒发自己感受，与他人进行一对多的"点对面"思想、情绪、情感交流，展现个人能力，

----

① 马俊、殷泰，等.2011年国务院发展研究中心研究丛书：中国的互联网治理[M].北京：中国发展出版社，2011：145.

② 马俊、殷泰，等.2011年国务院发展研究中心研究丛书：中国的互联网治理[M].北京：中国发展出版社，2011：145.表中文字稍有改动。

体现个人存在的价值，实现娱乐、深化思想、情绪宣泄、自我调节等目标。交往程度容易表层化。博客内容包罗万象，个人博客主要有新浪网上的随笔／感悟、生活记录、娱乐／八卦、体育／竞技、学习公社、校园生活、游戏部落、卡通／动漫、星座／测试等数十个话题。据统计，中国博客数量已从2002年的51万发展到2010年的2.9亿，活跃博客数近2亿[①]。网络博客与日记等传统青少年交流工具相比，内容更加丰富，形式更加活跃，更新速率更快，阅读更加方便，已成为广大青少年十分喜爱的情感、思想交流平台，是青少年人际交往中的重要工具。

此外，青少年比较喜爱的网络人际交往工具还有微博、微信、空间、网络游戏等。它们简便、直接、动态、开放，与青少年单纯、活跃的心理特征相适应，也是他们乐于接受的交往方式，极大地促进了青少年的人际交往。

8.3　青少年网络人格中的兴趣求异、泛化及引导

正确引导青少年的网络兴趣，就是要坚持用辩证的、实事求是的观念去看待青少年网络兴趣的广泛性、求异性等特点。要充

---

① 马俊、殷秦，等.2011年国务院发展研究中心研究丛书：中国的互联网治理 [M].北京：中国发展出版社，2011：165.

分认识到青少年的成长过程就是一个中心兴趣逐步形成的过程。互联网条件下，兴趣的广泛性有利于开阔他们的视野，但也可能形成知识"浅碟效应"；兴趣的求异性可以激发他们的变革创新意识，但也可能导致青少年追求过度的个性张扬，甚至求怪、求异，形成叛逆型人格。

8.3.1 正确认识青少年网络环境下兴趣的广泛性

网络是一个具有综合性、动态性、开放性的信息平台，网络资源信息量大，涉及的领域广泛。青少年网络兴趣的广泛性对他们利用网络平台，增长知识才干，促进青少年健康成长，为他们日后融入纷繁复杂、竞争激烈的现实社会生活有着十分重要的积极作用。

第一，网络环境下青少年兴趣的广泛性，有利于青少年开阔知识视野。青少年正处在人生成长道路上追求知识、实现自我完善的重要阶段，传统的学校教育以书本教育为主，虽然它注重知识的系统性、专业性，但是与青少年蓬勃旺盛的求知欲望相比，远远不能满足他们的需要。而网络知识资源的丰富性、与社会现实生活的直接关联性，正好能满足青少年的求知欲望。所以，青少年网络兴趣的广泛性对开阔知识视野、了解社会需要有着十分重要的积极意义。

第二，网络环境下青少年兴趣的广泛性，有利于青少年丰富自己的生活阅历。我们所面对的现实生活是一个多层面、多维度的社会复杂系统，社会生活的内容丰富多彩，大至国家民族，小至家庭个人，也包括经济文化、习俗风尚等。由于青少年社会交往的局限性，青少年很难深刻认识到社会生活的各个层面、各个领域。综合开放性的网络平台可以为青少年提供丰富的社会知识，网络论坛、微信、博客等为青少年间接了解、接触和参与社会生活提供了一个有益的平台。

第三，网络环境下青少年兴趣的广泛性，有利于青少年扩大自己的人际交往。青少年的人际交往范围是一个相对封闭的"地下世界"。现代社会是一个多元、开放的社会，特别是在现代信息社会条件下，各种社会关系都处在不断的变化之中，必要的人际交往和人际协调能力已经成为现代社会成员的一种重要的生存能力。网络环境下青少年兴趣的广泛性，对于扩大青少年人际交往，对于培养和锻炼青少年的人际交往能力有着十分重要的意义。但是，网络环境下的青少年兴趣中缺乏中心兴趣的"广泛性"，则对青少年的知识增长和社会交往也可能存在着某些不利影响。这主要表现为：

第一，网络资源为青少年提供的学习内容虽然丰富，但是如果不能很好地加以利用，不能从广泛的兴趣中培养出自己的中心兴趣，最终可能会导致知识结构的"浅碟"效应。"当网上五花八门的刺激导致大脑过载的时候，我们的学习能力会受到严重影响。信息越多，知识越少。"①

第二，网络平台提供的社会生活信息鱼龙混杂、良莠不齐，既有前人、他人参与社会生活的真知灼见，也有一些不满社会现实，甚至是仇恨主流意识形态的歪理邪说。由于青少年知识和阅历的局限，他们对这些复杂的信息难辨真伪，不加辨别的"兴趣广泛性"，可能会导致青少年形成对社会的错误认识，甚至毒害青少年思想健康，不利于他们的健康成长。

第三，网络人际交往平台提供的人际交往身份是虚拟的，人们在网络上所表达的情感也具有虚拟性。过分地依赖网络人际交往手段，不仅不能提高青少年的人际交往能力，相反还可能伤害青少年纯真幼稚的心灵。另一方面，网络人际交往平台的简洁便利的特点，对青少年有极大的诱惑性，也可能转移他们正常的学习、工作兴趣，浪费他们的宝贵时间，形成青少年的网络依赖，不利于他们的健康成长。

8.3.2 正确认识青少年网络环境下兴趣的求异性

与现实环境中的青少年兴趣相比，在网络条件下，青少年不

---

① 尼古拉斯·卡尔.互联网如何毒化了我们的大脑：浅薄 [M].刘纯毅，译.北京：中信出版社，2010：232.

仅兴趣更加广泛，而且更加猎奇好新。在他们的网络语言中，我们常常看到一些莫名的"火星"文字，常常听到一些诸如"out""老土""屌丝"等怪异的词汇。他们用"out""老土"诟病他人的流俗，他们用"屌丝"嘲讽自己的平庸。事实上，在虚拟的网络世界里，青少年更加容易躲避现实世界中成人的"管束"，更加容易达成他们追求"与众不同""特立独行"的意愿。因此，青少年工作者、特别是青少年网络思想政治教育工作者，必须正确地认识青少年网络环境下兴趣的求异性，即既要看到网络环境下青少年兴趣的求异性对他们成长的积极意义，也要看到网络环境下青少年兴趣的求异性对他们成长的消极影响。这是因为：

第一，青少年网络环境下兴趣的求异性是与青少年心理特征的逆反性相联系的，是符合青少年成长过程中的客观规律的。青少年正处于心理的"过渡期"，他们的独立意识和自我意识日益增强，迫切希望摆脱成人的监护。他们不愿意成人把自己当"小孩"看待，喜欢以成人自居。为了表现自己的"非凡"，他们有时对其他事物采取批判的态度。逆反心理不仅不是一种非健康的心理，而且它还是青少年成长过程中必经的"烦恼"。因此，片面夸大青少年逆反心理的消极作用，否定青少年网络环境下的兴趣求异性，都是对青少年成长规律的不尊重，不利于青少年的健康成长。

第二，青少年网络环境下兴趣的求异性，对于扩大青少年知识视野、培养青少年的创造性思维有重要的积极意义。青少年网络环境下兴趣的求异性,可以使青少年在学习和工作中突破过去陈旧知识的局限和约束,克服墨守成规、循规蹈矩的陋习,培养青少年的发散、创新思维。习近平同志在2013年5月4日纪念五四青年节的讲话中特别强调青少年的创新思维,指出:"广大青少年要有敢为人先的锐气,勇于解放思想、与时俱进,敢于上下求索、开拓进取,树立在继承前人的基础上超越前人的雄心壮志,'以青春之我……创建青春之国家,青春之民族。'"① 可见,尊重青少年兴趣的求异性,重视青少年的创造性思维,既是青少年个人成长的需要,也对建设创新型国家、实现中华民族的伟大复兴有着重要的意义。

第三,青少年网络环境下兴趣的求异性也存在着一定的消极作用。虽然求异可以突破成规,可能带来创新,但是求异也可能导致离经叛道,也可能变成有害的标新立异。在虚拟的网络世界中,许多虚假的信息、错误的观点、反动的理论,总喜欢用新奇的面孔装扮自己,青少年在这些五彩缤纷、光怪陆离的信息面前,如果缺乏理智的判断,仅凭求异、求新的心态去对待它们,就容易被各种虚假信息、错误观念、反动思潮蒙蔽,丧失自己的正确立场,影响自己的健康成长。

总之,青少年网络环境下兴趣的求异性对青少年成长既有

---

① 习近平.在同各界优秀青年代表座谈时的讲话 [N].人民日报,2013-5-4.

重要的积极作用，也有不可忽视的消极影响，只有正确引导青少年网络兴趣的求异性，发挥它们的积极作用，抵制它们的消极影响，才能发展和完善青少年的网络人格，使青少年的成长步入正确的轨道。

第9章 青少年网络人格动力结构中的意志力

意志不仅是一种心理过程，同时也是一种与人的人格密切联系的个性特征。人类的一切有意义的实践活动都是充满困难的，要想顺利地完成任何脑力或体力劳动，没有战胜困难的决心和毅力都是不可能的。在古希腊哲学中，智慧、勇敢、节制、正义是人格力量中最重要的四种成分，柏拉图还特别强调"勇敢就是一种坚持"[①]。可见意志力在人格动力结构中有着十分重要的地位与作用。无数事实表明，凡是具有良好性格、兴趣广博、非凡才能的人，必定是一个具有坚强的意志力的人。

----

① 柏拉图.理想国 [M].北京：商务印书馆，1985：146.

9.1 意志与青少年的人格完善

意志的品质主要体现在其独立性、坚持性、果断性、自制性、竞争性等特点上。青少年意志的形成过程与他们人格的形成过程相一致。重视对青少年意志品质的磨砺，就是要把他们培养成为在复杂恶劣环境和艰巨困难面前，敢于面对、勇于担当、具有坚强人格的青少年。

9.1.1 意志与人格

意志是指自觉地确定目的，并根据目的支配调节自己的行动、克服困难，实现预定目标的心理过程。它是人的意识能动性的集中表现，是人类特有的心理现象。意志力是人们为达到既定目的而自觉努力的程度。人的意志力常常表现在意志行动过程中的意志品质上。意志品质就是一个人在生活中形成的比较稳定的意志特征，是个性和人格的重要组成因素。个体的意志品质主要有独立性、坚持性、果断性、自制性、竞争性等。

独立性是指人们不受外界环境的影响、不屈从于周围的压力，而是从自身应该如何行事的信念、知识和观念出发，规定自己的行为举止。独立性的反面是盲从和"受暗示性"[①]。坚持性是

----

① 许金声.走向人格新大陆[M].北京：工人出版社，1988：147.

指一个人能够长时间地、毫不懈怠地保持精力的紧张状态，不被阻挠自己目的的困难吓倒，不屈不挠地向既定目的前进。坚持性的反面是"动摇性"。果断性是指一个人有能力及时而毫不动摇地采取有充分根据的决定，并能经过周密考虑后去实施执行这些决定。果断性的反面是"优柔寡断"。自制性是指一个人的自我控制能力，主要表现为"善于抑制本人不赞成的情感表现：激动和恐惧、愤慨、暴怒、失望等的激情爆发"。① 自制性的反面是"冲动"和"非理智"。竞争性是指一个人在社会生活中所具有的一种积极进取的品质。竞争性强意味着个人在社会生活中不甘居后、不保守、不停滞不前，而是知难而进。竞争性的反面是"不思进取""抱残守缺"等。

意志不仅是一种心理过程，也是一种与人的人格密切联系的个性特征。一个人独立地确定目的、自觉地执行决定、当机立断地采取行动无疑是意志坚强的表现，而盲目、易受暗示、优柔寡断、犹豫不决则是意志软弱的表现。顽强的意志会促进人的人格不断发展并使人取得成功。意志在人的人格发展中的重要作用主要表现为：

第一，坚强的意志可以使人的活动更加积极勤奋，更具有明确的目的性和方向性，使人的认识活动更深入、更广泛，能更准

① 许金声.走向人格新大陆 [M].北京：工人出版社，1988：147.

确地把握客观事物的发展规律。坚强的意志是保证认识深化的重要条件，也是认识发展的重要条件。相反，消极的意志品质，如盲从、执拗、独断等，则会大大减弱认识活动的主动性和效率，使人的认识不能深入进行，也阻碍着个人认识能力的发展。

第二，坚强的意志可以遵循理智的要求调控情绪情感的产生和作用，使之符合既定的目的，把意志行动坚持到底。意志薄弱的人往往会被消极情绪压倒，使行动半途而废，甚至可能一蹶不振，毁掉一生。所以，一个人意志强弱的重要标志是对自己情绪情感的调节控制水平。

第三，意志也是实践活动成功的重要保证。在活动中只有克服各种困难，才能完成各种实践任务。而这需要有坚强的意志。所以，意志是一个人成才、事业成功，为社会做出贡献必备的心理素养，是使实践活动取得成功的重要保证。在青少年的教育中，我们应培养他们克服困难、同困难做斗争的能力，培养他们对挫折的适应能力，正视各种困难，并为取得最后的胜利勇往直前。

9.1.2 青少年的意志特点与青少年人格完善

青少年的意志与成年人相比，由于受到其自身的年龄、知识、社会经历等因素的影响，其意志的品质在独立性、坚持性、果断性、自制性等方面还存在着许多的不足。但是，与他们的儿

童阶段相比，却出现了许多重大变化，主要体现在：

第一，意志的动机以社会意义的动机为主导。意志总是在行动中表现出来的，而行为总有其动机，动机产生于需求。因生理需求而引起的行为动机具有生物学意义，因社会需求而引起的行为动机具有社会意义。新生儿还没有社会意义的动机，只有生物学意义的动机。青少年则两类动机并存，且社会意义的动机占主导地位，青少年的行为主要靠它调节。在生理需求和社会需求两类需求都存在时，后一种需求产生的动机可以调节前一种需求产生的动机，从而调节其行为。社会意义的动机占有主导地位，可以大大促进青少年的意志行动，提高行为效果。

第二，意志的自制性体现出了较强的对行动的调节作用。儿童的意志主要用于调节自身的行为，而难以调节自己的内部活动。青少年则不同，随着生活与学习活动要求的提高，他们不仅能利用意志调节自身的外部行为，而且能利用意志调节自己的内部活动。例如，在学习活动中，他们可以忍受身体上的不适，摒弃自我的一些学习不利的欲求，坚持完学习任务。另外，青年还可以利用意志调节自己的情绪变化等。

第三，意志行动中的独立性和果断性增强。儿童的意志行动盲目性大，不稳定性强。他们在行动中很容易受暗示或诱导，从而轻率地改变自己的行动或盲目地追随他人的行动。他们的学习活动在很大程度上是根据家长和老师的要求和指令来调节的，有很大的依赖性。青少年则不同，他们有较为丰富的经验和技能，对客观事物的发展及其规律有比较正确的认识，明确是非界限，熟悉行动规划，因而遇事可以比较迅速、果断地采取行动，并且不动摇、不盲从。他们的学习活动一般都有比较明确的长远目的，也有短期的目标和计划，较少需要老师和家长督促。

第四，意志行动中的坚持性增加。一般来说，儿童的意志行动坚持性比较差，这是因为在意志行动中显露的坚持性品质的强弱取决于若干条件。比如，行动目的是否十分明确，精力是否充沛，情绪、情感和个性对意志的支撑作用是否强而有力等，而在所有这些方面，儿童都不及青少年。因而青少年意志的坚持性水平比儿童要强。从青少年意志发展的情况看，青年又优于少年。

第五，道德意志水平迅速增高。人的意志可以表现在一般行为中，也可以表现在道德行为中，表现在道德行为中的意志称为道德意志，它是意志表现的高级形态。儿童对于社会道德行为规范的认识远不如青少年深刻，道德情感深度也不够，故而其道德意志水平较低。而青少年时期的道德意志水平发展迅速，到青年时期，道德意志就比较成熟了。

青少年意志品质的这些特点，对青少年人格的发展与完善产生了重要的积极作用。青少年意志品质的独立性增强有利于提高

青少年的自我意识，帮助他们树立远大理想；青少年意志品质的果断性增强有利于提高青少年的智慧力和行为力，使他们的行为更加理智，更富有目的性和实效性；青少年意志品质的自制性和坚持性的增加，有利于提高青少年的行为自觉和道德自律，从而增加他们克服困难、战胜自我的勇气，促进青少年人格的发展与完善。

9.2　网络环境对青少年意志力的影响

网络环境对青少年意志力的影响主要表现在对青少年意志的坚持性、独立性、自控性的影响上。从积极的方面看，它有利于培养和塑造青少年的健康人格，从消极的方面看则可能对他们的人格成长产生一些负面的干扰和阻挠作用，如各种类型的网络成瘾，反映了青少年意志坚持性的缺失；网络流行的"××迷""哈×族"则反映了他们意志独立性的不够；网络色情、网络暴力等则反映了少数青少年意志自控性的不足，是意志薄弱的表现。

9.2.1　网络环境对青少年意志坚持性的影响

意志品质在青少年成长中具有十分重要的地位。我国古代思想家孟子也曾说过："故天将降大任于斯人也，必先苦其心志，劳其筋骨，饿其体肤，空乏其身，行拂乱其所为，所以动心忍性，曾益其所不能。"① 在这里，孟子不仅强调了意志与个人成功的关系，而且还把影响人的意志力的环境以及意志品质中的坚持性、自制性等做了特别的强调。

美国著名社会心理学家罗伊·鲍迈斯特在《意志力：关于专注、自控与效率的心理学》"序言"中曾指出："心理学家在寻找能预示成功的个人品质时发现，智力和自制力最能预示成功。"② 而且他还强调，迄今为止，人们在探索如何提高人们智力的问题上存在着许多困惑，但是，"研究意志力和自我控制，是心理学家最有希望为人类做出贡献的地方"。③ 依据罗伊·鲍迈斯特的观点，影响人的意志品质的因素有许多，其中环境、情绪、目标是最重要的因素。

在现今条件下，青少年成长没必要也不可复制孟子的"劳其筋骨，饿其体肤，空乏其身"的环境，但是"行拂乱其所为，所以动心忍性"的外界诱惑更多，网络环境对青少年意志品质坚持性的影响最为典型。网络环境对青少年的意志品质坚持性的影响，

① 朱熹.四书章句集 [M].北京：中华书局，1983：348.

② 罗伊·鲍迈斯特，约翰·蒂尔尼.意志力：关于专注、自控与效率的心理学 [M].丁丹，译.北京：中信出版社，2012：XI.

③ 罗伊·鲍迈斯特，约翰·蒂尔尼.意志力：关于专注、自控与效率的心理学 [M].丁丹，译.北京：中信出版社，2012：XI.

主要体现在以下几方面：

第一，从网络环境对青少年意志品质坚持性的积极意义看，丰富的网络资源和手段，可以帮助青少年树立远大志向，确立明确目标，为培养和锻炼青少年意志品质的坚持性提供强劲的动力。如许多校园网和其他红色网站，介绍了大量的优秀人物和他们的先进事迹，介绍了许多青少年研究专家关于锻炼和培养青少年意志品质的学术观点和具体做法，这些对于提高青少年的思想觉悟、树立崇高理想有十分重要的积极意义，对他们培养和锻炼意志品质的持久性有重要的激励作用。

第二，从网络环境对青少年意志品质坚持性的消极意义看，网络上也泛滥着许多错误的思想观点和一些消极的案例，它们对培养和锻炼青少年意志品质的坚持性起负面的影响作用。如网络上对一些贪图享受、娇靡奢侈的消极生活方式的渲染，网络上泛滥的色情文学、图片、影像等，不仅影响侵蚀青少年理想，而且涣散青少年斗志，污染青少年心灵，导致青少年意志力薄弱、思想颓废、生活散漫，最终成为个人人生生活中的失败者，不利于青少年健康成长。

第三，部分青少年对一些网络游戏的痴迷和对网络聊天等网络生活方式的依恋，使他们不同程度地患上了网络依赖症。据罗伊·鲍迈斯特在《意志力：关于专注、自控与效率的心理学》中的观点，一切成瘾者都是意志缺乏持久性造成的。当人们运用意志力抵抗自己的欲望时，由于这种持久性的缺乏，自己做了自己意志力薄弱的俘虏，而多次对自己意志抵抗力的放弃，最终使自己成为"成瘾者"，"酒瘾""毒瘾""赌瘾"莫不如此[①]。同样，青少年的网络成瘾，对青少年意志品质的持久性伤害也是同样巨大的。

总之，互联网对青少年意志坚持性的培养和锻炼既有重要的积极意义，也存在着一些不利的消极因素。我们只有对此采取辩证的态度，才是科学的。在培养和锻炼青少年意志坚持性的实际工作中，我们要善于利用互联网的资源和手段的积极因素，建立科学的青少年网络行为规范，创设适合青少年成长的有利环境，克服互联网内容和方式的不利因素，从而促进青少年的健康成长。

9.2.2 网络环境对青少年意志独立性的影响

青少年阶段是一个人人格中自我意识基本形成的一个重要阶段。在实际生活中，他们不仅有了要求摆脱父母、老师和领导的严格管控的强烈愿望，而且还通过一些实际行动来维护自己的独立性，如追求独立的生活空间、独立的消费方式、独立的朋友交往、独立的学习方法等。当然，由于青少年的思想、情绪、行为

---

① 罗伊•鲍迈斯特，约翰•蒂尔尼.意志力：关于专注、自控与效率的心理学 [M].丁丹，译.北京：中信出版社，2012：149.

等还存在着一些局限性，他们所获得的独立也只能是相对的，这样就容易造成青少年主观愿望和实际结果的矛盾和困惑。互联网环境的隐匿性和开放性特点，为青少年对自我独立性的追求提供了较好的条件。在互联网的生活中，他们可以按照自己的意愿去结交自己喜欢的朋友，去发表自己不成熟的看法，去采取一些父母、老师和领导在通常情况下难以充分肯定的一些行动。这些行为和做法，对青少年意志独立性的培养将产生重要影响，主要表现为：

第一，网络环境为青少年行为的独立决策或选择提供了良好的条件。如前所述，青少年意志的独立性主要是指青少年在选择自己的行为时不受外界环境的影响、不屈从于周围人的压力，而是能够从自己行事的信念、知识和观念出发来规定自己的举止，采取行动。毫无疑义，人们的行动总是受动机制约的，人们在确定自己的行动前，总要对自己行动的目的、结果进行一定的预想。但是，青少年由于受自己的知识和生活阅历的局限，他们在确定采取行动时可能会产生一些疑问或犹豫，这时正确的方法当然是向父母、老师、长辈等请教。但是，青少年害怕父母、老师、长辈干预自己的行为，于是他们又会拒绝向他们请教。这时，最好的方法当然是求助互联网。在互联网上他们可以找到或参考别人对相同问题的行动方案，他们也可能在网上得到更多志同道合者的鼓励，从而锻炼和培养自己进行独立决策或选择的能力，促进自己意志独立性的发展。

第二，网络内容的复杂性可能会干扰青少年意志独立性的培养和锻炼。世界上任何事物都有它的两面性，网络内容亦然。在网络环境下，人们对某特定事物的认识与评价是有差异的，有时甚至可能是对立的。所谓"公说公有理、婆说婆有理""莫衷一是"的现象在网络内容中比比皆是。因此青少年在自己独立决策的过程中，如果过多地依靠网络信息，可能会导致决策立场的模糊和犹豫，从而干扰青少年意志独立性的培养和锻炼。

第三，网络信息流向的高度集中和网络宣传手段的快速广泛传播效应，容易使青少年产生从众和盲从心理。如网络上对某些外国演员的隐私的炒作与青少年间形成的"哈韩""哈日"时尚。这些青少年不仅模仿某些外籍演员的衣着打扮、行为举止，甚至中断学业，热衷于出没各种娱乐场合，盲目模仿这些演员的生活习惯等。当然，我们前面也谈到青少年在网络游戏中对某些游戏角色的模仿，不仅影响了他们个人意志品质的独立性，有的青少年还因对游戏内容中暴力、越轨等行为的模仿，最终走上犯罪的道路。

9.2.3　网络环境对青少年意志自控性的影响

青少年意志品质的自控性强调的是对自己情绪和行为的控制能力。它主要表现为善于抑制本人不赞成的情感情绪表现，如对激动、恐惧、愤慨、暴怒、失望等爆发性激情的约束。前面章节我们在讨论青少年情感情绪特点的时候，就强调了青少年不仅情感丰富，而且情绪不够稳定，易走极端。青少年情感情绪的这些特点，对于培养和锻炼青少年意志品质的自主性是十分不利的。罗伊•鲍迈斯特曾用"情绪温差"来描述人们在面对各种诱惑时意志自控性缺失的现象，认为人们在理性、冷静的"低温状态"所表现出的行为特征，与充满激情和欲望的"高温状态"时所表现出的行为特征是完全不相同的，因此，"情绪温差是人们进行自我控制时最常面临的一个挑战"[①]。我们借用罗伊•鲍迈斯特的"情绪温差"理论中的"欲望—情绪—自控力"模式来看待网络环境对青少年意志自控性的影响，是有重要的借鉴意义的。这主要表现在：

第一，网络世界丰富的信息内容容易诱发青少年的各种欲望，使他们意志的自控力须面对各种诱惑的考验。毫无疑问，网络上有许多积极的信息内容，如科学领域中的新知识、新成果，文化艺术领域中的新作品、新形象，社会生活中的新人物、新风

[①]　罗伊•鲍迈斯特，约翰•蒂尔尼.意志力：关于专注、自控与效率的心理学 [M].丁丹，译.北京：中信出版社，2012：130.

尚等，它们每天以极高的刷新率在网络上涌现、更新，青少年对这些内容的兴趣和接受，无疑是十分有利于他们成长的。但是，对这些内容的接受和坚持是需要一种坚韧的态度和较好的自控能力才能做到的。另一方面，网络上也有许多消极的信息，如知识领域中的封建迷信、伪科学、错误甚至反动的学术观点等，文艺作品中涉黄、涉赌、涉毒、涉暴内容，社会风尚中的低级趣味、骄奢靡侈等。这些内容毫无疑问是不利于青少年成长的，但是它们往往形式新奇，极具诱惑力。因此，青少年如果能采取正确的态度自觉抵制这种诱惑，就能大大地提高自己意志品质的自控性；反之，就会消融自己的意志力，损害青少年意志的自控力。

第二，网络世界中青少年虚拟的身份和虚拟的行为，既可能激励青少年在网络中严格要求自己、克服过去的缺点、实现与以往错误自我的决裂，也可能使他们放松对自己言行品德的要求，可能使他们无所顾忌地放纵自己的情感情绪的表达。对于前者，网络虚拟性的特点无疑是培养和锻炼青少年意志自控力的重要手段；对于后者，网络的虚拟却强化了青少年的意志消沉，影响了青少年自我控制的培养。特别是对于那些在网络游戏中沉迷上瘾、好赌争胜与在实际生活中的意志消融，在网络爱情中忘情无度和在实际生活中孤僻乖戾，以及在网络聊天中忘我投入和在实际生活中虚掷光阴的青少年，网络对他们意志自控力培养的危害

尤其突出。

总之，无论是网络的信息内容的丰富性还是网络手段的虚拟性，它们对青少年意志自控力的培养都存在着积极和消极两个方面。正确的态度就是要善于利用网络的积极性，并结合实际生活中的各种有效手段，培养和锻炼青少年意志的自控力，把他们塑造成为勇于探索、敢于奋斗的生活中的强者。

9.3 青少年网络人格中的意志障碍及救治

培育青少年健康的网络人格，必须高度重视青少年网络人格动力结构中的意志力作用，正确认识青少年网络意志障碍的危害，重视利用各种手段及资源，包括网络手段和网络资源，去培养青少年的正确动机，锻炼青少年的恒久毅力，遵循正确的归因模式，激发他们的自信心等。

9.3.1 正确认识青少年网络意志障碍的危害

意志障碍主要指对荒谬、不合理的目的矢志不移地追求，以及在采取决定时优柔寡断、朝三暮四；自觉控制与调节自己行为的能力的削弱或丧失；在实现行为目的时的有头无尾，随境转移、不能坚持等。在互联网条件下，纷繁复杂的网络信息内容、无奇不有的网络交往方式对青少年意志品质的锻炼和培养存在着诸多负面影响，其最大的危害就是涣散青少年意志，导致青少年意志障碍。这主要表现在以下几个方面：

第一，意志力缺乏自觉性、坚定性。虚拟环境和虚拟身份容易造成青少年心理变异。如在网络活动中，有的青少年有时表现为缺少信心和主见，会全盘接受外界意见，摇摆不定；有时表现为前怕狼后怕虎，优柔寡断，顾虑重重或冒冒失失，控制不住自己的激情与冲动，对行为的自我控制和约束能力差，缺乏韧性、恒心和毅力。这种品质是在特定的社会环境中形成的，相对而言，是一种比较轻微的青少年意志障碍，是可在社会实践中加以重新改造的。

第二，意志消沉，意志力薄弱。具备这种心理特征的青少年，他们常常在网络生活中表现为目光短浅、胸无大志，丧失信心，行为缺乏自觉性、目的性，情绪容易低落，消极悲观；在现实生活中贪图舒适，安于现状，缺乏对高层次需要的追求，缺乏拼搏精神、创造精神，严重时可能表现出活动显著减少，情绪低落，除了网络，对一切工作学习均感受吃力难应对，常独处一隅，或者因觉得做不了或没意义而不愿意工作学习。这是一种因网络成瘾而形成的具有一定严重性的青少年意志障碍，除了要重视在社会实践中加以重新改造外，还需要配合必要的心理辅导。

第三，兴趣消退，意志缺失。具备这种心理特征的青少年，

其对网络的依赖程度更为严重，在虚拟世界之外，他们对任何活动都缺乏明显动机，生活需要显著减退或消失，不要求学习或工作，不关心事业，一切活动都是被动的，常需要外力督促。他们在个人生活方面也显得极端懒散，如不注意个人卫生，不洗脸，不洗澡，连最起码的梳洗整洁也置之不顾。他们喜欢独居，行为孤僻、退缩，与周围环境不能协调，严重时对生存本能也缺乏要求。他们既无自觉性，又意识不到自己的不正常，对自己的意志行为毫不在意。此外，多半还伴有思维贫乏、情感淡漠和兴趣贫乏。这是因网络依赖而产生的一种比较严重的青少年意志障碍，除了要重视心理辅导，还要加以必要的精神治疗。

9.3.2　青少年网络意志障碍的救治

青少年网络意志障碍的救治主要体现在青少年动机、青少年毅力、青少年自信心的培育上。加强青少年共产主义世界观的教育可以培养青少年的正确动机，培养青少年的意志品质。要锻炼青少年的恒久毅力，遵循正确的归因模式，激发青少年的自信心。为此，我们具体可以采取如下救治措施：

第一，要培养青少年的正确动机。在青少年思想政治教育中要培养他们的正确动机，最重要的是要对青少年加强共产主义世界观的教育。用共产主义世界观教育青少年是培养他们具有良好的意志品质的基本条件。青少年只有牢固树立起共产主义和无产阶级世界观，才能对一切事物做出实事求是的评价，正确地确立自己行动的目的。因此，加强对青少年的共产主义世界观的教育，有助于他们在实际生活中有效地克服困难，形成良好的意志品质。

对青少年进行共产主义世界观教育，要同各门学科的教学、能力的培养、技能的掌握结合起来。因为任何良好的意志品质都产生于对客观事物的深刻了解，只有彻底掌握事物发展的规律性，充分相信自己行动的正确性才会有意志的自觉性、果断性、自制力和坚持性。对事物的深刻理解，既体现在掌握科学知识方面，也体现在掌握技能技巧方面。一个愚昧无知、不学无术的人，在客观现实面前是不可能发挥其意志作用的。

对青少年进行共产主义世界观教育，还要同培养高尚的情操结合起来。情操就是社会性的情感，如道德感、美感和理智感等。培养高尚的情操特别是培养青少年的高尚道德感，对提高青少年的意志水平有重大的意义。因为高尚的情操是坚强意志的动力。一个缺乏高尚的道德感的人，是绝对不可能在执行艰巨任务的过程中发挥出其意志力量的。

第二，要锻炼青少年的恒久毅力。培养和锻炼青少年意志的恒久性主要是要引导青少年在实际活动中与困难做斗争。为此，

我们可以通过组织青少年参加各种实际活动、培养他们的集体荣誉感等手段来实现。在组织青少年参加各种实际活动时，对青少年提出的活动任务既要具备一定的难度，又要为他们力所能及。譬如，要求他们坚持独立完成学习或工作任务，坚持参加各种特色兴趣小组活动，坚持体育锻炼，坚持为集体做好事，这些要求虽然有一定的难度，但又是他们经过努力能够做到的。当他们在活动中碰到困难时，要鼓励和指导他们，而不要排斥他们。例如，班委会或班组干部开展工作有困难，教师或领导可以帮他们研究情况和对策，让他们独立地完成任务，而不是包办代替。要根据青少年意志品质的差异，做到因材施教。对于那些容易接受暗示或总是不听劝告的青少年，应该加强自觉性的教育；对于那些坐立不安、容易冲动、控制不住自己的青少年，要提高他们的自制力；对于那些遇事犹疑不决或者轻举妄动的青少年，应该培养他们的果断性品质；对于做事虎头蛇尾缺乏毅力的青少年，就要激发他们坚忍不拔的毅力。

对集体的义务感和荣誉感也有助于青少年良好意志品质的形成。因为具有良好班风和校风的单位集体，可以使不畏困难、遵守纪律、善于克制等意志行为受到赞扬，使相反的行为遭到谴责。因此，良好的集体环境和必要的舆论监督，可以锻炼青少年的意志。

　　青少年喜欢模仿，善于模仿，在培养他们良好意志品质的过程中，榜样的作用占有特别重要的地位。我们除了可运用现实生活中、书籍中和文艺作品中的英雄人物来培养青少年的意志之外，还要善于从青少年身边熟悉的人物中选取典型，为他们树立坚强意志的榜样。教师或家长自身的榜样作用也很重要，当我们自己在内心发生矛盾的时候，是当机立断还是犹疑不决，在碰到困难的时候，是顽强斗争还是动摇畏缩，这些都会不知不觉地给青少年留下深刻的印象，都会产生重要的影响。

　　当然，家长或老师的指导、集体的影响、榜样的教育等培养青少年意志的方式，其效果主要取决于青少年本人自我锻炼意志的愿望和努力。我们要善于促进他们这种愿望和努力，同时也要加以客观的分析和正确的引导。例如，有些青少年希望自己勇敢，在汽车行进时扒车；有些青少年要求自己坚强，在寒冷的冬天只穿很少的衣服。面对这些情况我们既要保护好他们自我锻炼意志的积极性，同时也要引导他们正确分析主客观情况，找出适当的锻炼方法。

　　第三，要激发青少年的自信心。自信心在青少年学习和生活中有着十分重要的作用，它不仅是他们成长中一种重要的心理品质，而且也是鼓舞和激励他们努力学习和工作、战胜困难的强大动力。由于青少年正处在成长、发展的关键阶段，其心理具有极

大的可塑性，因此激发和培养青少年自信心，对于锻炼他们的意志品质有着十分重要的意义。激发青少年自信心，我们要注意从以下几个方面入手：

一是要鼓励青少年经常对自己进行积极的自我暗示。积极性自我暗示包括能经常勉励自己的行动，相信自己的能力，肯定自己的成就等。从生理学角度看，青少年对自己的积极性暗示，可以增强他们大脑皮层的意识活动，协调身体各部分的活动，从而为工作、学习和生活的成功做好准备。从心理学的角度看，青少年对自己的积极性自我暗示，可以巩固自己的理想信念，调节自己的情感情绪，培养和锻炼自己的意志品质，从而逐步树立自信心。"为中华之崛起而读书"是周恩来青少年时期对自己的一种积极的自我暗示，鲁迅课桌上铭刻的"早"也是一种积极的自我暗示。

二是要帮助青少年确立适当的目标。心理学研究表明，人们活动的结果会对自己的自信心产生重要影响。在实际生活中任何人，当他们在学习和工作中认为自己未来的目标总是没有取得成功的可能时，他们的自信心肯定是建立不起来的。因此，如果青少年的目标过高、脱离现实条件，那么遭遇失败的可能性也就越大，自信心就会受到挫伤。所以，我们要帮助青少年正确认识和调整那些不切实际的理想和目标，帮助他们根据自己的处境和条件，去制定符合实际、切实可行的目标，以脚踏实地的行动，一步一步实现各阶段的具体目标，不断地积累经验，享受成功的喜悦和快乐，增加自信心并最终取得更大的成功。

三是要帮助青少年认真总结经验教训，遵循正确的归因模式。一个人的成长不仅与其主观努力、客观环境有关，而且也与他们对外在现实的态度与看法，以及对自己和该现实所构成的关系的理解密不可分，通常我们把这称之为个人的归因模式①。依据这一原理我们发现，青少年对自己成功或失败的归因分析，对青少年自信心的树立有着重要的影响作用。当青少年把自己的成功原因归结为内部的因素时，如个人能力强、努力程度大等时，就会增强或保持自信心。当他们把自己的成功归结为外部的因素，如任务难度小、运气好等时，就不会增加自信心。同样，在面对挫折和失败时，若把原因归结为可控的因素(如努力不够)等时，就会保持原有的自信心；若归结为不可控的因素(如能力差或任务难度大)时就会降低其自信心。因此，我们只有帮助青少年认真总结经验教训，遵循正确的归因模式，才能激发和巩固青少年的自信心。

----

① 胡琼.维纳归因理论在大学生思想政治教育中的运用 [J].合肥工业大学学报（社会科学版），2009（6）.

第10章 结 论

　　人格教育是心理学研究的一个传统领域。近年来，随着青少年研究的学科综合化发展趋势，青少年人格研究也引起了部分思想政治教育研究者的关注。但是，在互联网条件下，青少年人格发展已呈现出更加复杂和不确定性的趋向，而理论界对青少年网络人格的关注度却相对不足，因此讨论青少年网络人格对于促进青少年健康成长显得尤为重要。迄今为止，无论是心理学还是思想政治教育学都尚未出现有关青少年网络人格的专门性学术著作和重要的研究成果。基于以上思考，本书在提出青少年网络人格的基础上对青少年网络人格的定义、构成要素、主要内容，及其在网络思想政治教育中的应用进行了比较深入的理论探讨。

10.1　理论突破

张耀灿在《现代思想政治教育学》序言中对我国近些年来思想政治教育学科发展的得失有过这样的一段论述："建设思想政治教育新的分支学科，主要应围绕开发人的非智力因素这个维度来规划。……通过总结经验教训，认识到抓好理想信念教育这个核心内容的教育、抓好爱国主义为中心的民族精神这个重点内容的教育，都不只是个理论知识的灌输问题，还要高度重视情感、意志、信念、行为等素质的教育，没有这些非智力因素的开发，便不可能达到由知到行的转化，就不可能养成良好的道德品质。"① 可见培养健康的人格不仅是思想政治教育重要的目标内容之一，而且重视青少年人格中的理想、情感、行为、意志等的教育，也是提升思想政治教育效果的重要手段。

依据上述思路，本书将心理学的人格研究引入青少年网络思想政治教育研究，构建了由虚拟理想、虚拟情感、网络道德、网络行为，以及互联网条件下青少年的智慧、兴趣、意志等要素构成的青少年网络人格动力结构系统，分析了上述各要素之间的相互关系以及它们在青少年网络人格动力结构系统中的地位和作

---

① 张耀灿 . 现代思想政治教育学 [M]. 北京：人民出版社，2006：33.

用，实现了网络思想政治教育与青少年人格心理学、行为心理学、现代系统论等学科的融合，体现出了一些理论观点和研究方法方面的突破。

10.2 创新之处

本书的创新主要体现在青少年网络人格动力结构的模型建立、一些重要概念的界定以及对其他相关学科的借鉴与融合。具体表现在：

(1)在网络思想政治教育的视域下，借鉴大量人格研究理论、人格心理学研究理论、现代系统理论与方法，提出了"人格动力结构""网络人格""青少年网络人格动力结构""虚拟理想""虚拟情感""网络道德""网络行为"等一系列具有创新意义的概念，为我们系统地研究青少年网络人格动力结构提供了理论依据。

(2)在借鉴人格心理学、行为心理学相关理论的基础上，突破了以自我需要和青少年心理特征为要素的人格概念，将现代思想政治教育学中的理想信念、道德情感、行为意志等因素引入青少年人格研究，构建了一个由理想、道德、行为、智慧、情感、兴趣和意志等要素组成的人格动力结构系统。

(3)青少年网络人格动力结构系统与青少年现实人格系统是个平衡统一体。由于网络的自身特性，这种平衡一旦被打破就会导致青少年人格失常。本书在提出青少年网络人格的"理想缺失""精神飘离""道德失范"等问题的基础上，深入地分析了这些现象产生的原因、危害，提出了一些有效的应对措施。

（4）本书还从社会学的研究视角，将费孝通的"熟悉社会"（传统社会）与尼葛洛庞帝的"数字化生存"（网络虚拟社会）做了明确的区分，并以越轨社会学为理论依据，提出了"青少年网络行为越轨"的概念，论证了它的表现及危害，提出了一些有针对性的纠正对策。

10.3　研究展望

思想政治教育的意义就在于塑造完善、健康的人格。正如张耀灿所说，将人格研究纳入思想政治教育研究范畴，建立思想政治教育人格研究学科分支是本学科今后需要加强和深入展开的新的研究领域。同样，在网络思想政治教育中创建青少年网络人格学科分支，探讨青少年思想行为和心理发展的一般规律，挖掘互联网资源，利用现代网络技术手段，探索青少年网络人格与现实人格的互动，加强青少年人格教育和青少年思想政治教育的实效性，具有重大的理论意义和现实意义，也有广阔的学术前景。

（1）青少年网络人格动力结构需要进一步完善。要以更广阔的学术视野，构建具有本学科特色的、规范的学术话语体系，凝练

科学规范的概念、范畴。

(2)青少年网络人格与思想政治教育环境、目的、手段的内在联系有待进一步挖掘，既要突出青少年网络思想政治教育学科的主体性，又要重视青少年网络人格体系的全面性。

(3)青少年网络人格的理论研究与实践研究结合需要进一步加强。理论体系框架的建立和基本概念的界定提供了基本的前提，充分的实证调查、个案分析和对某些重要观点的统计学解析可以增强理论的说服力，体现对策和措施的时效性。

学无止境，本书虽然在理论框架的建立、研究观点和方法的借鉴、创新方面进行了努力的探索，但是研究不够深入，一些个案访问、问卷调查材料没有得到很好的运用。但是我坚信，随着相关理论工作者对青少年网络人格的更多关注，本学科必将在上述问题上获得更大的突破，网络思想政治教育理论体系必将获得进一步完善。

路漫漫其修远兮，吾将上下而求索！青少年是世界和祖国的未来，对青少年思想政治教育的研究与工作，也是我们的未来。

参考文献

[1] 1844年经济学哲学手稿 [M]. 人民出版社，1975.

[2] AJZEN I. Attitudes, Personality and Behavior[M]. Chicago: Dorsey, 1988.

[3] AJZEN I. Nature and Operation of Attitudes[J]. Annual Review of Psychology, 2002.

[4] CNNIC. 第29次中国互联网络发展状况统计报告 [R]. 中国互联网络信息中心，2012.

[5] ELSTER J. Introduction to Karl Marx[M]. Cambridge University Press, 1986.

[6] GLASSER R. Leisure: Penalty or Prize?[M]. New York: Maemillan, 1970.

[7] HUNTINGTON S P. The Clash of Civliizations and the Remakring of the World Onder[M]. Snlion and Shuste, 1996.

[8] KERR W. The Deeline of Pleasure[M]. New York: Simon and Schuster, 1962.

[9] KIERKEGGARD S. The Concept of Dread[M]. Princeton University Press, 1944.

[10] KOLAK D, MARTIN R. Self & Identity[M]. U.S.A. New York, Macmilian Publishing Company, 1991.

[11] SULER R. To Get You Need: Health and Pathological Internet Use[J]. Cyber Psychology Behavior, 1999, 5(2).

[12] SULLIVAN H S. The Interpersonal Theory of Psychiatry[M]. Norton, 1953.

[13] THOMPSON S. Intrinsic and Extrinsic Motivation in Internet Usage[J]. Science, 1999.

[14] TORNOW W W. Editor's Note: Introduction to Special Issue on 360-degree Feedback[J]. Human Rource Management, 1993.

[15] 阿德勒. 理解人性 [M]. 北京：国际文化出版公司，1999.

[16] 阿尔温·托夫勒. 权力的转移 [M]. 北京：中央党校出版社，1991.

[17] 柏拉图. 理想国 [M]. 北京：商务印书馆，1986.

[18] 北京市教委.互联网对高校师生的影响及对策研究 [M].北京：

首都师范大学出版社，2004.

[19] 毕重增.中国文化中自信人格的内涵和功能 [J].心理科学进展，2007，15（2）.

[20] 布鲁得斯·华生.行为主义 [M].李维，译.杭州：浙江教育出版社，1998.

[21] 财富人生栏目组.财富人生系列：80后亿万富翁 [M].上海：上海人民出版社，2007.

[22] 蔡迎旗.公民道德教育与家长教育行为——浅谈《公民道德建设实施纲要》与《家长教育行为规范》[J].理论月刊，2002（11）.

[23] 仓道来.思想政治教育学 [M].北京：北京大学出版社，2006.

[24] 曹劲松.人格塑造——大学生素质教育的基点 [J].思想教育研究，1999，8（25）.

[25] 曹衍清.新时期人格教育模式建构与实施 [J].中国教育学刊，2011（5）.

[26] 曾令辉，郑振锋.试论社会转型期人的目的性生成与发展 [J].学术论坛，2006，11（10）.

[27] 曾长秋，薄明华.网络德育学 [M].长沙：湖南科学技术出版社，2005.

[28] 曾长秋，万雪飞.青少年上网与网络文明建设 [M].长沙：湖南人民出版社，2009.

[29] 查普曼·克拉克.怎样更懂我——当今青少年的内心世界[M].
屈贝琴，译.北京：中央编译出版社，2011.

[30] 柴志明.思想政治教育新跨越[M].杭州：浙江大学出版社，
2005.

[31] 常修泽.和谐社会的价值、特征和构建思路[N].人民日报，
2005-3-18.

[32] 陈冠名.青少年网路使用行为及网路沉迷的因素之研究[D].
台北：高雄师范大学，2004.

[33] 陈红，冯文锋.身体美：我国青少年理想身体自我特点[J].
人大复印资料心理学人格心理学专辑，2006（12）：35-41.

[34] 陈建男.从《理想国》看柏拉图的法律思想[J].法制与社会，
2011，7（5）.

[35] 陈亮，冷泽兵.对多媒体辅助教学的思考[J].高等教育研究，
2004，9（15）.

[36] 陈少华.新编人格心理学[M].广州：暨南大学出版社，2005.

[37] 陈万柏.思想政治教育载体论[M].武汉：湖北人民出版社，
2003.

[38] 陈晓强，潘爱华.大学生网民的基本状况、存在问题及综合
治理[J].高等理科教育，2003（4）.

[39] 陈妍.思想问题与心理问题关系初探[J].辽宁行政学院学报，
2007，3（20）.

[40] 陈义平.思想政治教育学原理 [M].合肥：安徽大学出版社，2008.

[41] 陈勇.新时期高校思想道德修养课若干问题探讨 [J].煤炭高等教育，2000，4（30）.

[42] 陈占安.邓小平理论概论 [M].北京：中央广播电视大学出版社，2000.

[43] 崔景贵.网络文化与青少年网民的心理健康[J].思想·理论·教育，2002（2）.

[44] 崔景贵.网络心理教育刍议 [J].中国教育学刊，2001（5）.

[45] 崔培培.青少年网络人格的异化及矫正 [J].班主任之友，2005（3）.

[46] 戴联荣.大学生态：文化人格共生和建构 [D].南京：南京师范大学，2005.

[47] 邓小平文选第二卷 [M].北京：人民出版社，1994.

[48] 邓小平文选第一卷 [M].北京：人民出版社，1994.

[49] 邓志伟.以德驭才是思想道德修养的根本——读《思想道德修养》[J].湖南社会科学，2005，3（30）.

[50] 丁云，陆文颐.大学生网络违法犯罪问题初探 [J].青少年犯罪问题，2006（3）.

[51] 杜庆杰."博客"初探 [M].合肥：安徽教育出版社，2008.

[52] 段伟文.网络空间的伦理反思 [M].南京：江苏人民出版社，
2002.

[53] 多萝西·罗吉斯.当代青年心理学 [M].张进辅，张庆林，等
译.长沙：湖南人民出版社，1988.

[54] 范保丹.正义的博弈——评析柏拉图的正义观 [J].辽宁行政
学院学报，2012，7（20）.

[55] 方兴东."博客"——E 时代的盗火者 [M].北京：中国方正
出版社，2003.

[56] 费孝通.乡土中国　生育制度 [M].北京：北京大学出版社，
1998.

[57] 弗洛伊德.精神分析导论讲演 [M].北京：国际文化出版公司，
1999.

[58] 高岸起.论实践的主体性特征 [J].烟台大学学报（哲学社会科
学版），2002，10（25）.

[59] 高峰强.塑造完美的自我·人格 [M].济南：山东人民出版社，
2002.

[60] 高虹山.心理健康教育与新形势下的德育工作 [J].思想政治
教育，2004（8）.

[61] 高军.科学探索　改革创新　努力开创大学生思想政治教育工
作新局面——在哈尔滨理工大学加强和改进大学生思想政治
教育工作会议上的讲话 [J].思想政治教育研究，2006，10（20）.

[62] 高林洲.高校心理健康教育的对策研究 [J].浙江科技学院学报，2004 (9).

[63] 高玉祥.健全人格及其塑造[M].北京：北京师范大学出版社，1997.

[64] 葛涵.《理想国》中的正义观 [J].南方论刊，2009，4 (28).

[65] 顾海良.从十四大到十六大：马克思主义在当代中国的新发展 [M].北京：高等教育出版社，2004.

[66] 顾海良.中国特色社会主义理论体系研究 [M].北京：中国人民大学出版社，2009.

[67] 郭永玉.人格心理学——人性及其差异的研究 [M].北京：中国社会科学出版社，2005.

[68] 贺才乐.思想政治教育载体研究[M].武汉：湖北人民出版社，2002.

[69] 胡凯，荣复康.思想政治教育心理学 [M].长沙：湖南科学技术出版社，2005.

[70] 胡凯.大学生心理健康教育 [M].北京：人民出版社，2007.

[71] 胡凯.大学生心理健康理论与方法 [M].北京：人民出版社，2010.

[72] 胡凯.现代思想政治教育心理研究 [M].长沙：湖南人民出版社，2009.

[73] 胡琼.维纳归因理论在大学生思想政治教育中的运用 [J].合

肥工业大学学报(社会科学版)，2009（6）.

[74] 胡树祥.网络思想政治教育研究 [M].成都：电子科技大学出版社，2005.

[75] 华琪.思想工作创新谈 [M].北京：解放军出版社，2000.

[76] 黄平.塑造健全人格是加强和改进大学生思想政治工作的切入点 [J].煤炭高等教育，2005，11（30）.

[77] 黄其松.什么是政治思想？——对政治思想的一种规范性解释 [J].政治学研究，2012，12（18）.

[78] 黄琦.对多媒体辅助教学的思考 [J].中国科技信息，2007，12（1）.

[79] 黄少华，武玉鹏.网络行为研究现状：一个文献综述 [J].兰州大学学报，2007（3）.

[80] 黄希庭.构建和谐社会　呼唤中国化人格与社会心理学研究 [J].心理科学进展，2007（15）.

[81] 黄希庭.青少年学生的自立人格 [J].人大复印资料心理学人格心理学专辑，2006（12）：21-29.

[82] 黄希庭.时间与人格心理学探索 [M].北京：北京师范大学出版社，2006.

[83] 黄希庭.自我与健全人格的养成[M].北京：人民教育出版社，2005.

[84] 计毅波.论江泽民思想政治工作理论的理论来源 [J].社科纵

横，2007，7（15）.

[85] 江泽民.在第三次全国教育工作会议上的讲话 [N].人民日报，1999-6-15.

[86] 江泽民文选第二卷 [M].北京：人民出版社，2006.

[87] 江泽民文选第三卷 [M].北京：人民出版社，2006.

[88] 江泽民文选第一卷 [M].北京：人民出版社，2006.

[89] 焦岚，牟宏晶.研究生健康人格的剖析和塑造 [J].黑龙江高教研究，2012，1（5）.

[90] 杰克·D·道格拉斯.越轨社会学概论 [M].张宁，朱欣民，译.武汉：湖北人民出版社，1987.

[91] 竭长光，张澍军.唯物辩证法：事物发展的逻辑 [J].教学与研究，2009，4（20）.

[92] 金冲及.毛泽东传(1983—1949)[M].北京：中央文献出版社，2006.

[93] 金秀兰.论大学生健全网络人格的培养 [J].青少年研究，2005（6）.

[94] 卡伦·荷妮.神经症与人的成长 [M].北京：国际文化出版公司，1999.

[95] 卡伦·荷妮.我们时代的病态人格 [M].北京：国际文化出版公司，1999.

[96] 蓝劲松，咏鹏.BBS 的使用对大学生心理的影响：一个网上调查 [J].当代青年研究，2000 (4) .

[97] 李革新.止于至善——论柏拉图政治哲学中的善恶观 [J].同济大学学报(社会科学版)，2012，4 (25) .

[98] 李国良.鼠标下大学生德性的几点思考 [J].高教论坛，2004 (9) .

[99] 李辉.网络虚拟交往中的自我认同危机 [J].青少年研究，2004 (6) .

[100] 李伦.网络传播伦理 [M].长沙：湖南师范大学出版社，2007.

[101] 李胜云.试用兴趣理论探讨后进生的英语学习 [J].职业圈，2007，12 (1) .

[102] 李望舒.网络人格变异的心理特征及矫正方法 [J].西安财经学报，2004 (9) .

[103] 李新莉，洪江如.家庭教育及其主要内容和方法 [J].安庆师范学院学报(社会科学版)，2004，1 (20) .

[104] 李秀敏，阴国恩.大学生上网行为与人格特质的相关性研究 [J].心理发展与教育，2004 (1) .

[105] 李艳春，刘军.论思想政治教育学的研究方法 [J].学术探索，2013，2 (15) .

[106] 李志华.兴趣理论在高专药学专业基础化学教学中的运用

研究 [J]. 轻工科技，2013，4（15）.

[107] 梁丁丁. 弘扬网络道德构筑健康有序的网络环境 [J]. 教育探索，2005（1）.

[108] 梁光晨. 正义的本质内涵与当代宪法中的正义观 [J]. 西南科技大学学报（哲学社会科学版），2008，12（15）.

[109] 梁玉恒. 网络时代学生思想政治工作探析 [J]. 思想政治教育，2005（2）.

[110] 列宁全集第6卷 [M]. 北京：人民出版社，1986.

[111] 列宁专题文集论无产阶级政党 [M]. 长沙：人民出版社，2009.

[112] 林怀艺. 中国共产党历史上关于"党的生命"问题的考察 [J]. 中共石家庄市委党校学报，2004，2（15）.

[113] 林澍峻，王媛. 网络心理学探析 [M]. 哈尔滨：黑龙江人民出版社，2009.

[114] 凌辉，窦刚，陈有国，等. 中国大学生人格障碍的现状调查 [J]. 心理科学，2008，31（2）.

[115] 刘邦惠. 国外反社会人格研究述评 [J]. 人大复印资料心理学，2007（6）：71-77.

[116] 刘丹鹤. 赛博空间与网际互动——从网络技术到人的生活世界 [D]. 复旦大学学报，2004.

[117] 刘国强. 从心理健康教育到思想品德升级 [J]. 中国教育与

经济论坛，2004（9）.

[118] 刘继红，孙新建，等.大学生网络行为特点调查分析 [J].
高教探索，2007（3）.

[119] 刘同辉.中国传统的五类型人格理论与超稳定心理结构 [J].
上海师范大学学报(哲学社会科学版)，2009，5（3）.

[120] 刘新庚.思想政治教育新论 [M].长沙：中南大学出版社，
2000.

[121] 刘新庚.现代思想政治教育方法论 [M].北京：人民出版
社.2008.

[122] 流沙河.流沙河诗集 [M].上海：上海文艺出版社，1982.

[123] 柳春香.特质焦虑大学生注意偏向的实验研究 [J].心理科
学，2008，319（6）.

[124] 卢西亚诺·弗洛里迪.计算与信息哲学导论 [M].北京：商
务印书馆，2010.

[125] 罗国杰.马克思主义思想政治教育理论与基础 [M].北京：
高等教育出版社，1992.

[126] 罗洪铁.思想政治教育原理与方法基础理论研究 [M].北京：
人民出版社，2005.

[127] 罗姝.思想道德修养课教学改革探索 [J].学校党建与思想
教育，2003，12（15）.

[128] 罗湘明.和谐社会建设中思想政治工作功能拓展研究 [D].

长沙：中南大学，2012.

[129] 罗晓明．大思想：人格本位 [M].北京：中国社会出版社，2004.

[130] 罗伊·鲍迈斯特，约翰·蒂尔尼．意志力：关于专注、自控与效率的心理学 [M].丁丹，译．北京：中信出版社，2012.

[131] 罗宗火，黄东桂，罗绍康，等．高等学校德育课重在建设 [J].高教论坛，2004，2（20）.

[132] 马锦华．大学生双性化人格模式与心理健康的关系探析 [J].安徽教育学院学报，2001（4）.

[133] 马俊，殷秦，等．2011年国务院发展研究中心研究丛书：中国的互联网治理 [M].北京：中国发展出版社，2011.

[134] 马克思恩格斯全集第23卷 [M].北京：人民出版社，1995.

[135] 马克思恩格斯全集第7卷 [M].北京：人民出版社，1959.

[136] 马克思恩格斯文集第三卷 [M].北京：人民出版社，2009.

[137] 马克思恩格斯文集第一卷 [M].北京：人民出版社，2009.

[138] 马克思恩格斯选集第1卷 [M].北京：人民出版社，1995.

[139] 马克思恩格斯选集第21卷 [M].北京：人民出版社，1995.

[140] 马克思恩格斯选集第2卷 [M].北京：人民出版社，1995.

[141] 马克思恩格斯选集第3卷 [M].北京：人民出版社，1995.

[142] 马克思恩格斯选集第4卷 [M].北京：人民出版社，1995.

[143] 马利军，张积家．网络闲聊与心理健康 [J]．太原师范学院学报(社会科学版)，2006 (5)．

[144] 马艳萍．浅析大学生道德行为二重性 [J]．齐齐哈尔大学学报(哲学社会科学版)，2004，11 (15)．

[145] 毛泽东选集第二卷 [M]．北京：人民出版社，1991．

[146] 毛泽东选集第三卷 [M]．北京：人民出版社，1991．

[147] 毛泽东选集第四卷 [M]．北京：人民出版社，1991．

[148] 毛泽东选集第一卷 [M]．北京：人民出版社，1991．

[149] 蒙冰峰．主体间性道德人格教育研究 [D]．西安：西安理工大学，2010．

[150] 孟昭兰．普通心理学 [M]．北京：北京大学出版社，1994．

[151] 尼葛洛庞帝．数字化生存 [M]．海口：海南出版社，1997．

[152] 尼古拉斯·卡尔．浅薄：互联网如何毒化了我们的大脑 [M]．刘纯毅，译．北京：中信出版社，2010．

[153] 聂敏里．《理想国》中柏拉图论大字的正义和小字的正义的一致性 [J]．云南大学学报(社会科学版)，2010，1 (18)．

[154] 欧阳光耀．试析网络交往中的双重人格 [J]．当代教育论坛，2008 (2)．

[155] 潘永祥，等．自然科学概述 [M]．北京：北京大学出版社，1986．

[156] 庞燕.健全人格与研究生思想政治教育关系探讨 [J].高教研究与实践，2010，3（15）.

[157] 逄先知.毛泽东年谱（上）[M].北京：中央文献出版社，2005.

[158] 彭春明.网络时代的思想政治教育创新 [J].思想政治教育，2004（6）.

[159] 彭公亮.从"存在"（ousia）到"美本身"（境界）——柏拉图审美理论述要 [J].云梦学刊，2003，5（20）.

[160] 彭晓琳，等.人格与幸福：文化视角下的青年人格塑造 [M].北京：中国民主法制出版社，2011.

[161] 秦明，郭燕.论中西方和谐思想之异同 [J].大连大学学报，2013（1）.

[162] 邱伟光，张耀灿.思想政治教育学原理 [M].北京：高等教育出版社，1999.

[163] 全国十二所重点师范大学联合编写.心理学基础 [M].北京：教育科学出版社，2002.

[164] 饶爱民.习近平：广大青年应走在创新创造前列 [J].中国人才，2013，6（10）.

[165] 任小波.人际沟通与思想政治工作 [J].思想政治工作研究，2004，4（8）.

[166] 荣格.人格心理学 [M].北京：国际文化出版公司，1999.

[167] 沙香莲.中国人百年人格：人格力量何在 [M].北京：新华
出版社，2000.

[168] 沈闰祥.略论小学阶段的"兴趣教育" [J].晋阳学刊，1983，
8 (29).

[169] 沈亚生.马克思主义哲学视野中的人格 [D].长春：吉林大
学，2004.

[170] 沈壮海.思想政治教育发展报告2011[M].北京：高等教育
出版社，2011.

[171] 石国亮.和谐社会视野中的大学生思想政治教育 [N].中国
教育报，2005-1-25.

[172] 苏科恩.自我论 [M].北京：生活·读书·新知三联书店，
2000.

[173] 苏振芳.思想政治教育学 [M].北京：社会科学文献出版社，
2006.

[174] 孙国栋，云月华.关于构建思想政治教育学科学体系的设
想 [J].内蒙古师大学报(哲学社会科学版)，1990，12 (31).

[175] 孙伟平.虚拟文化问题沉思 [J].社会科学家，2001，7(28).

[176] 孙召路.网络虚拟人性与青少年角色冲突 [J].青少年研究，
2005 (3).

[177] 檀传宝.网络环境与青少年德育 [M].福州：福建教育出版
社，2005.

[178] 陶国富. 大学生网络心理 [M]. 北京：立信会计出版社，2004.

[179] 天歌. 网络人格的异常心理 [J]. 青年科学，2008 (5).

[180] 瓦格纳·詹姆斯·奥. 第二人生——来自网络世界的笔记 [M]. 李东贤，李子南，译. 北京：清华大学出版社，2009.

[181] 汪爱兰. 网络对当代大学生的负面影响及对策 [J]. 中国林业教育方针，2004 (4).

[182] 王登峰，崔红. 解读中国人的人格 [M]. 北京：社会科学文献出版社，2005.

[183] 王枚. 网络文化对大学生的影响 [J]. 图书与情报，2005 (3).

[184] 王孟图. 网络对大学生的负面影响及对策建议 [J]. 福建论坛(人文社会科学版)，2004 (7).

[185] 王伟. 人格心理学 [M]. 北京：人民卫生出版社，2011.

[186] 王学俭. 现代思想政治教育前沿问题研究 [M]. 北京：人民出版社，2008.

[187] 王玉国. 大学生网络犯罪的表现及对策探析 [J]. 黑龙江高教研究，2002 (5).

[188] 卫昇. 青少年人格塑造——马加爵案例的心理学思考 [M]. 北京：北京大学出版社，2004.

[189] 文正秀. 论当代青少年网络健康人格教育 [J]. 宜宾学院学报，2005 (4).

[190] 吴连军等.大学生网络心理健康调查与研究 [J].高等农业
教育，2003（11）.

[191] 吴满意.高校网络思想政治教育学研究 [M].成都：电子科
技大学出版社，2006.

[192] 吴秋芬.当代中学生理想状况的调查分析 [J].淮北煤师院
学报(社会科学版)，1997（2）.

[193] 习近平.在同各界优秀青年代表座谈时的讲话 [N].人民日
报，2013-5-4.

[194] 夏凌翔，王登峰.青少年学生自立人格的结构——基于中
国人人格量表(QZPS)的结果 [J].心理科学，2008，31（5）：
1035-1038.

[195] 夏凌翔.人格中的自我问题 [J].人大复印资料心理学，
2004（12）.

[196] 夏征农，陈至立.辞海(第六版，彩图本) [M].上海：上海
辞书出版社，2009.

[197] 向培风.智慧人格——苏格拉底、柏拉图、亚里斯多德 [M].
上海：长江文艺出版社，1996.

[198] 肖前.马克思主义哲学原理(上册) [M].北京：中国人民大
学出版社，1994.

[199] 谢海光.互联网与思想政治工作案例 [M].上海：复旦大学
出版社，2002.

[200] 谢海光．互联网与思想政治工作概论 [M]．上海：复旦大学出版社，2000.

[201] 谢海光．互联网与思想政治工作实务 [M]．上海：复旦大学出版社，2001.

[202] 谢千秋．青少年道德评价能力的一些研究 [J]．心理学报，1964 (3)．

[203] 谢倩，张向荣，李华，等．高校学生管理工作的价值追求 [J]．高等农业教育，2009，7 (15)．

[204] 谢廷明．关于网络成瘾对人的心理影响的研究 [J]．西南民族学院学报，2004 (8)．

[205] 徐建军，王凡．网络思想政治教育方法探析 [N]．光明日报，2009-3-2.

[206] 徐建军．大学生思想政治教育前沿 [M]．长沙：湖南人民出版社，2009.

[207] 徐建军．大学生网络思想政治教育理论与方法 [M]．北京：人民出版社，2010.

[208] 徐建军．少数民族大学生思想政治教育理论与方法 [M]．北京：人民出版社，2011.

[209] 徐建军．新形势下构建高校网络德育系统的研究与实践 [M]．长沙：中南大学出版社，2003.

[210] 徐强．人格与社会 [M]．南京：南京师范大学出版社，2004.

[211] 徐亚灵．家有小网迷，父母怎么办？ [M].北京：经济管理出版社，2011.

[212] 许放，王民忠．高校学生思想政治教育理论与实践 [M].北京：知识产权出版社，2004.

[213] 许慧英．人格教育理论——青少年的人格培养 [M].北京：学苑出版社，2000.

[214] 许金声．走向人格新大陆 [M].北京：工人出版社，1988.

[215] 杨波．人格与成瘾 [M].北京：新华出版社，2005.

[216] 杨辉，等．网络环境下大学生心理健康的现状及对策研究 [J].江西社会科学，2007（3）.

[217] 杨晶，余林．网络心理咨询的实践及其存在的问题 [J].心理科学进展，2007（15）.

[218] 杨眉．健康人格心理学 [M].北京：首都经贸大学出版社，2004.

[219] 杨贤江．理想之势力 [J].学生杂志，1916，6（6）.

[220] 杨之林．论柏拉图《理想国》中的正义观 [J].沈阳工程学院学报(社会科学版)，2011，1（15）.

[221] 姚佳．网络的发展给社会带来的伦理道德问题 [J].电脑知识与技术，2008（2）.

[222] 叶奕乾．人格心理学 [M].西宁：青海人民出版社，1989.

[223] 殷中山．网络社会与高校思想政治教育 [J].武汉科技大学

学报，2004（9）.

[224] 于洋.探寻青年眼中的互联网世界发展健康向上的网络文化 [N].人民日报，2012-2-7.

[225] 馀幸.心理健康教育三原则 [J].职教论坛，2004（9）.

[226] 元利兰.网络文明与青少年健康成长 [J].理论学刊，2004(9).

[227] 张红卫.信息网络对青年学生心理行为特征的影响 [J].中国青年研究，2007（3）.

[228] 张品良.网络文化传播——一种后现代的状况 [M].南昌：江西人民出版社，2007.

[229] 张述主，等.西方心理学家文选 [M].北京：人民教育出版社，1983.

[230] 张兴贵.青少年学生人格与主观幸福感的关系 [D].广州：华南师范大学，2003.

[231] 张耀灿，陈万柏.思想政治教育学原理 [M].北京：高等教育出版社，2001.

[232] 张耀灿，徐志远.现代思想政治教育学科论 [M].武汉：湖北人民出版社，2003.

[233] 张耀灿，郑永廷，吴潜涛，等.现代思想政治教育学 [M].北京：人民出版社，2006.

[234] 张耀灿，郑永廷.现代思想政治教育学 [M].北京：人民出版社，2006.

[235] 张耀灿. 现代思想政治教育学 [M]. 北京：人民出版社，2006.

[236] 张晔. 人格理论与塑造 [M]. 北京：国防工业出版社，2006.

[237] 张玉芬. 大学生人格教育 [M]. 北京：经济管理出版社，2006.

[238] 张芝. 不同成瘾状态大学生网络使用者的认知心理特征研究 [D]. 杭州：浙江大学，2008.

[239] 赵丽琴. 性别角色行为的形成及其社会适应 [J]. 华南师范大学学报(社会科学版)，2003 (5).

[240] 赵祥禄. 网络对青少年德育的影响与对策 [J]. 湖北省社会主义学院学报，2005 (2).

[241] 赵兴宏. 网络法律与伦理问题研究 [M]. 长春：东北大学出版社，2003.

[242] 赵燕. 浅析学习兴趣之于英语教学 [J]. 科技信息，2009，11 (15).

[243] 郑剑虹. 论儒家的自强人格及其培养 [J]. 心理科学进展，2007，15 (2).

[244] 郑思明. 青少年健康上网行及其影响因素 [D]. 北京：首都师范大学，2007.

[245] 郑晓齐，董杜骄. 大学生网络迷航现象的调查研究 [J]. 北京航空航天大学学报(社会科学版)，2002 (3).

[246] 郑雪.人格心理学 [M].广州：广东高等教育出版社，2004.

[247] 郑雪.人格心理学 [M].广州：暨南大学出版社，2001.

[248] 郑永廷，等.思想政治教育方法论 [M].北京：高等教育出版社，1999.

[249] 郑永廷，徐建军.大学生思想政治教育理论与实践 [M].北京：高等教育出版社，2009.

[250] 郑永廷，张彦.德育发展研究——面向21世纪中国高校德育探索 [M].北京：人民出版社，2006.

[251] 郑永廷.现代思想道德教育理论与方法 [M].广州：广东高等教育出版社，2000.

[252] 中共中央宣传部.毛泽东邓小平江泽民论思想政治工作 [M].北京：学习出版社，2000.

[253] 周斌.略论柏拉图、亚里士多德的正义论及其混合政体的伦理意蕴 [J].西南民族大学学报(人文社科版)，2008，9(10).

[254] 周从标.博士文库全球化背景下思想政治教育创新研究 [M].北京：中国社会科学出版社，2005.

[255] 周德海.马克思生产力概念研究的回顾与反思 [J].南通大学学报(社会科学版)，2013，3 (15) .

[256] 周晓虹.现代社会心理学 [M].上海：上海人民出版社，1996.

[257] 周玉珍.当代大学生网德失范的原因及对策 [J].中国西部

科技，2005（2）．

[258] 朱春鹰．大学生网络行为的心理分析及应对措施 [J]．思想政治教育研究，2006（3）．

[259] 朱莉亚·贝里曼．发展心理学与你 [M]．北京：北京大学出版社，2001．

[260] 朱平．马克思人生本体论研究 [D]．南京：南京师范大学，2002．

[261] 朱熹撰．四书章句集 [M]．北京：中华书局，1983．

[262] 朱义禄．儒家理想人格与中国文化 [M]．上海：复旦大学出版社，2006．

[263] 资本论第1卷 [M]．北京：人民出版社，1975．

[264] 资本论第2卷 [M]．北京：人民出版社，1975．

[265] 资本论第3卷 [M]．北京：人民出版社，1975．

[266] 祖嘉合．思想政治教育方法教程 [M]．北京：北京大学出版社，2004．

后 记

　　光阴荏苒，有如白驹过隙。转眼我在中南大学已经学习生活十多个年头了。我将人生最美好的青春都挥洒在了中南大学，在这里我从一个少不更事的懵懂女孩，一步步成熟、成长，完成了一个知识门外汉到知识探索者的蜕变。值得欣慰的是，我学到了许多受益无穷的东西；庆幸的是我来到了一个很好的环境，遇到了很多的良师益友，给了我很多的指引和帮助，使我能够顺利地完成学业，在此谨向他们表示最衷心的感谢！

　　回想这一路来的读书生活，我最感幸运的是自己有一位知识渊博、学风严谨、严里带慈的好导师——徐建军教授，能够投身导师门下是我学术生涯中最大的荣耀。即使人生可以重来，我仍愿意选择徐教授作为我的导师。师恩如海，衔草难报。跟随导师也已近十年了，他严谨的治学之道、"踏踏实实做人、认认真真做事"的做人做事风格，为我树立了一辈子学习的典范；他的教诲与鞭策将激励我在科学和教育的道路上励精图治、开拓创新。感谢我的导师徐建军教授在论文的写作阶段不仅在选题和材料组织上给予了悉心的指导，还对论文逐字逐句地提出了极为中肯的修改意见。论文的每一章、每一句、每一字甚至标点符号都渗透着恩师的心血，也包含着恩师殷切的期望。徐建军教授不仅是我学习中的导师，也是我生活的导师。这些年来，他与师母黄美纯对我的关心和爱护，使我倍感温暖，他们宽厚仁慈的胸怀、积极乐观的生活态度以及为人处世之道给我留下了深刻的印象，让我受用终身。在此我也要表达对师母这么多年来对我如同孩子般照顾的感恩之情。

同时，我还要感谢胡凯教授、张卫良教授、刘新庚教授、曾长秋教授、彭平一教授、肖铁肩教授等老师的辛勤授课，他们所传授的知识是我论文写作的基础。他们在论文的开题、中考等每一个环节，都提出了许多建设性的意见和建议，使我思绪通畅、灵感萌动。

在我求学过程中，感谢大师兄喻跃龙教授如兄长般对我一直以来的照顾和教诲，感谢余文武副校长、王希俊书记、马国荣书记、汪强部长等老师对我亦师亦兄的关心和教导。借此机会我还

后记

要感谢这么多年的学习中，校学生工作部、研究生院、马克思主义学院和商学院等部门和单位的领导和老师给予我的大力支持，是中南大学良好的学术氛围、奋进的团队精神深深鼓舞着我不断进步。

感谢张朝晖、刘玉梅、龚涛、向学勇等我的博士同学和同门师兄姐妹，与他们的交流及友谊使我受益匪浅，这对我的论文写作有很大的帮助，他们睿智的思想和美好的情谊永远感动着我。

感谢所有帮助过我的老师、同学和朋友，没有他们对我的关注，就没有我今天的任何成绩。

最后，感谢我的家人对我的关心、支持和帮助。特别感谢我的母亲，她不仅含辛茹苦支持我读完大学，并且无私地支持我一直向上读完硕士以至现在的博士。她为我分担了很多困难，正因她一直的陪伴才使我有了前行的动力，母爱的关怀以及家人的全力支持和理解是鞭策我前进的不竭动力。

博士已毕业，人生求学的历程亦画上了句号。但新的更重要的人生使命已到来，我必须策马扬鞭为奔向更加广阔的人生舞台而努力奋斗！

图书在版编目（CIP）数据

青少年网络人格研究 / 王凡著 . —— 北京 : 九州出版社 , 2018.3
ISBN 978-7-5108-6712-5

Ⅰ . ①青… Ⅱ . ①王… Ⅲ . ①青少年教育－品德教育－研究－中国 Ⅳ . ① D432.62

中国版本图书馆 CIP 数据核字 (2018) 第 043039 号

青少年网络人格研究

作　　者	王　凡　著
出版发行	九州出版社
地　　址	北京市西城区阜外大街甲 35 号（100037）
发行电话	（010）68992190/3/5/6
网　　址	www.jiuzhoupress.com
电子信箱	jiuzhou@jiuzhoupress.com
印　　刷	长沙市宏发印刷有限公司
开　　本	880 毫米 ×1230 毫米　32 开
印　　张	9.5
字　　数	170 千字
版　　次	2018 年 3 月第 1 版
印　　次	2018 年 3 月第 1 次印刷
书　　号	ISBN 978-7-5108-6712-5
定　　价	48.00 元